量子波のダイナミクス
－ファインマン形式による量子力学－

森藤 正人著

吉岡書店

はじめに

は扱っていない(あるいは扱えない)重要な事柄も多くある. 例えばスピンや多電子系などについてはほとんどふれていないが, 本書で記した経路積分の考え方はそれらを理解する際にも基礎となり役立つものと思う.

最後に, 筆者に量子力学の手ほどきをして下さり, 本書に対しても多くの有益な意見を寄せて下さった望月和子先生にお礼を申し上げます. また, 本書の出版に際してお世話になった吉岡書店の前田重穂氏に感謝します.

2005年9月
森藤正人

目次

はじめに iii

第1章 ブラウン運動と確率振幅　1
1.1 ブラウン運動と熱核 1
1.2 確率振幅 5

第2章 経路積分法　11
2.1 ファインマン核 11
2.2 経路積分1 15
2.3 経路積分2 18
2.4 波動関数の位相因子とポテンシャル 24
2.5 固有関数による展開 25
2.6 経路積分とシュレーディンガー方程式 30
2.7 虚数時間と統計力学 33
2.8 運動量空間でのファインマン核 37

第3章 WKB近似　45
3.1 WKB近似 45
3.1.1 多重積分の実行 47
3.1.2 古典軌道の安定性と基準モード 51
3.1.3 ゼロ・モードと並進対称性 55

3.2　ヴァンヴレック行列式 ·· 56
　3.3　WKB近似2 ·· 62
　3.4　転回点での波動関数の接続と量子条件 ······················ 65
　3.5　トンネル効果 ·· 71

第4章　調和振動子および関連する話題　75
　4.1　量子論における調和振動子 ··································· 75
　4.2　振動する波束 ·· 78
　4.3　経路積分による調和振動子の記述 ···························· 81
　　4.3.1　古典運動と作用積分 ······································ 81
　　4.3.2　ファインマン核 ··· 82
　4.4　第2量子化と場の量子論 ······································ 85
　　4.4.1　生成・消滅演算子 ··· 85
　　4.4.2　第2量子化と場の演算子 ································ 87
　　4.4.3　フェルミ粒子 ·· 89
　　4.4.4　場の量子論におけるグリーン関数 ····················· 90
　4.5　コヒーレント状態経路積分 ··································· 94
　　4.5.1　フェルミ系 ··· 95

第5章　エネルギー表示　99
　5.1　エネルギー表示のファインマン核と状態密度 ············ 99
　5.2　停留位相近似 ·· 101
　5.3　電子波のコヒーレンス ── 残像という見方 ············· 109

第6章　電子状態の時間発展と自己干渉による固有状態の形成　115
　6.1　自由粒子 ·· 116
　6.2　一定の外力下の電子 ··· 118

	6.3	調和振動子	120
	6.3.1	離散準位の形成過程	120
	6.3.2	軌道反磁性とランダウ準位	124
	6.3.3	シュタルク・ラダー準位	128
	6.4	ヘテロ接合	131
	6.4.1	ポテンシャル障壁の透過	131

第7章 散乱問題における摂動論　139

- 7.1 ポテンシャルによる粒子の散乱 139
- 7.2 摂動展開 142
- 7.3 リップマン–シュウィンガー方程式 147
- 7.4 ボルン近似 151
  - 7.4.1 諸量の関係 154
- 7.5 摂動問題における半古典近似 161
- 7.6 電子間相互作用 164

第8章 半古典近似でのダイナミクス　167

- 8.1 電子の軌道と動的 WKB 近似 168
- 8.2 動的 WKB 近似の計算例 171
  - 8.2.1 自由粒子 171
  - 8.2.2 壁での反射と量子井戸の準位 173
- 8.3 トンネル効果とインスタントン 176
- 8.4 共鳴トンネル効果の時間解析 181
- 8.5 多次元空間での運動 185

付録A 解析力学のまとめ　189

- A.1 一般化座標とラグランジアン 190
- A.2 最小作用の原理 192

 A.3 時間並進対称性とハミルトニアン ・・・・・・・・・・・・・・・ 193

付録B 状態ベクトルを用いた表記 197
 B.1 状態ベクトルを用いた関数の表現 ・・・・・・・・・・・・・ 197
 B.2 変換理論と固有値問題 ・・・・・・・・・・・・・・・・・・・・・ 204

付録C 公式 212

参考文献 215

索引 218

すっきりしない部分はずっと残ったままであり,しかもその頃には数表示に基づく演算子法などの高度な手法に接する機会もできて,むしろわからないことが増え混乱は深まっていったのである.

そのようなありさまだったので,経路積分法に接した時には長年の胸のつかえが取れたような気がしたものだ.ディラック,ファインマンに起源を持つこの方法を用いると,古典力学と量子力学のつながりをうまくつけて電子の挙動を記述することができるのである.とりわけ,電子波の伝播関数(経路積分法では考案者にちなんでファインマン核と呼ばれている)に解析力学で用いられるラグランジアンが現れること,微小時間でのファインマン核からシュレーディンガー方程式が導出できることなどは,初めて接する人はある種の驚きと感慨を憶えるのではないかと思う.

もちろん,全てを古典力学の観点から説明することができるわけではない.電子に対する古典的な見方には当然ながら限界があるし,量子力学には原理的に未解決の部分があるのもよく知られたことである.根本的には,電子の不可思議な挙動はそれ自体をあるがままに受け入れることでしか理解できないものであろう.それでも古典的・半古典的な見方は,電子の振る舞いについての有益な知見を与えてくれて次の段階への基礎となるだけでなく,本質をついていることも多く,決して軽視すべきものではないと思う.実際,経路積分法に基づいた半古典近似は電子の振る舞いを理解する上において威力を発揮する.

私がそうであったように,多くの理系大学生は,根本のところで量子力学の理解に苦労しているように思う.量子という,日常的に経験するものとは全く違った概念を,それが自然の本質であるということで無条件に受け入れるのは決して容易ではないからである.一通りの量子力学を学んだ人が,より進んだ理解を求めて,次のステップとして本書を手に取ってくれれば幸いである.経路積分法は場の理論で用いられることが多いが,物性物理や電子工学などを専門とする多くの人にとっても基礎・応用の両面から重要なものであり,もっと広く用いられてよい手法である.

もとより量子力学を包括的に記述することを意図してはいないので,本書で

はじめに

　本書は経路積分法を軸として電子波の運動に基づいて量子力学を記述した本である．通常の (つまりシュレーディンガー方程式の定常解を求める) 方法とは違って，電子は動きまわっているものだという観点から量子力学を記述し理解しようというのが本書での試みである．
　そこで単に電子波の運動を記述するだけではなく，それが他の手法とどのように関連しているかを明らかにするよう留意して論を進めた．特に，シュレーディンガー方程式の定常解とのつながりを記した部分 (5 章, 6 章) は類書には見られないものである．そこで導入した電子波の残像という考え方はオリジナルでいわば異端的なものであるが，半導体素子などのナノサイエンスや量子情報などの分野でこれまで以上に量子力学の深い意味を理解することが必要とされるこれからの時代には，このような見方も役に立つものと考えている．

　量子力学は難しい．筆者が学部の授業で初めて本格的な量子力学に接した時になによりもとまどったのは，その意味するところがよく分からないということであった．シュレーディンガー方程式が何を意味するのか，交換関係とは何なのか，なぜ固有状態は離散的なエネルギーしか取りえないのか，なぜ平面波状態が速度を持っているのか，といった疑問が次々にわいてきて，なんとか複雑な式の変形を追うことができても，ちっとも理解できた気分にはなれないのだった．
　年月を経て，一通りの計算はそれなりにできるようになり，当初の疑問や愚問のいくつかにも自分なりの答えを見つけることができた．しかし，どうにも

第1章

ブラウン運動と確率振幅

1.1 ブラウン運動と熱核

まずブラウン運動と呼ばれる運動について調べることから始めよう.これは直接には古典的な粒子の拡散的な振る舞いを記述するものであるが,電子に代表される量子力学的粒子の不可思議な挙動とも形式上ある種のつながりを持っている.

時刻 $t = 0$ に粒子が $x = 0$ にいるものとする.(ここでは1次元の運動を考える.) Δt だけの時間が経つと,電子は 1/2 の確率で右 (正の方向) へ,1/2 の確率で左 (負の方向) へと,単位距離 Δx だけ移動する.このような運動は酔っ払いが千鳥足でふらふらと歩く様子にも似ているので酔歩とも呼ばれている.

さて,適当な時間が経った後,粒子はどの位置にいるのであろうか.この問題を解くために,時刻 $t_j (= \Delta t \times j)$ に粒子が位置 $x_i (= \Delta x \times i)$ にいる確率を $\rho(x_i, t_j)$ として導入し,$\rho(x_i, t_j)$ が満たすべき方程式を導く.時刻 t_j に粒子が位置 x_i にいる,という事象が実現するためには,1ステップ前の時刻に粒子は x_{i+1} か x_{i-1} の位置にいなければならない.これらの事象がそれぞれ 1/2 の確率で $\rho(x_i, t_j)$ に寄与するので,確率 ρ は

$$\rho(x_i, t_j) = \frac{1}{2} \left[\rho(x_{i-1}, t_{j-1}) + \rho(x_{i+1}, t_{j-1}) \right] \quad (1.1)$$

という関係式を満たさなければならないことがわかる．この式の両辺から $\rho(x_i, t_{j-1})$ を引くと差分方程式

$$\rho(x_i, t_j) - \rho(x_i, t_{j-1})$$
$$= \frac{1}{2}\left\{\left[\rho(x_{i+1}, t_{j-1}) - \rho(x_i, t_{j-1})\right] - \left[\rho(x_i, t_{j-1}) - \rho(x_{i-1}, t_{j-1})\right]\right\} \quad (1.2)$$

を得る．(1.2) 式の左辺は時間についての 1 階の差分であり，右辺は空間についての 2 階の差分である．従ってこの式が，時間と空間を連続変数にした極限で，偏微分方程式

$$\frac{\partial}{\partial t}\rho(x, t) = \frac{1}{2}\frac{\partial^2}{\partial x^2}\rho(x, t) \quad (1.3)$$

へと近づくことを理解するのは難しくないだろう．(1.3) 式は (x, t) に対して適当な変数変換を行うと) 拡散方程式あるいは熱方程式と呼ばれるものの 1 次元版になっている．

では，初期時刻 0 に位置 x_0 にいた質点は，時刻 t にはどの位置に居るのだろうか．時刻 t での粒子の位置を x とすると，x の分布は関数

$$K(x_0, x, t) = \frac{1}{\sqrt{2\pi t}} e^{-(x-x_0)^2/2t} \quad (1.4)$$

により表わされる．これは熱核と呼ばれる関数で，これが熱方程式を満たす，すなわち

$$\left(\frac{\partial}{\partial t} - \frac{1}{2}\frac{\partial^2}{\partial x^2}\right)K(x_0, x, t) = 0 \quad (1.5)$$

が成り立つことは，直接計算して確かめることができる．

熱核とは，初期分布がデルタ関数のときの，熱方程式の解であるといえる．図 1.2 に，様々な時刻での熱核を図示する．t が小さいときは $x - x_0$ に局在した関数になっている ($t \to 0$ ではデルタ関数 $\delta(x - x_0)$ である) が，時間が経過するにつれて 熱核は徐々に空間的に広がったものとなる．時間があまり経過していない時には粒子は初期位置の近くにのみ分布しているが，時間が経つにつれて粒子が遠くまで移動する確率が高くなる．熱核は，粒子のそのような拡散的

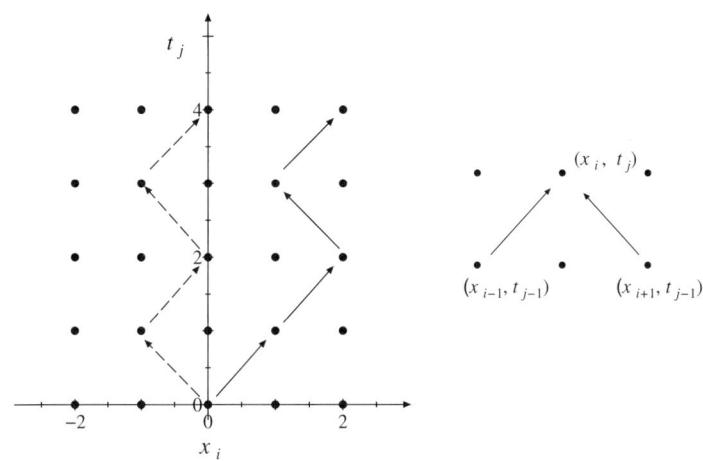

図 1.1 (左) 酔歩の模式図. 縦軸が時間, 横軸が位置で, 粒子は 1/2 の確率で右または左に移動する. 実線, 破線で経路の例を示す. (右) 粒子が (x_i, t_j) に到達するためには, (x_{i-1}, t_{j-1}) か (x_{i+1}, t_{j-1}) を経由しなくてはならないことを示す.

な振る舞いを表わしているのである.

初期時刻に, 多数の粒子が $\rho(x_0, 0)$ で表わされる分布をしていれば, 時刻 t での分布は熱核を用いて

$$\rho(x, t) = \int_{-\infty}^{\infty} K(x_0, x, t) \rho(x_0, 0) \, dx_0 \tag{1.6}$$

で与えられる. この式で定義される分布関数 $\rho(x, t)$ が熱方程式を満たすことは, この式の両辺に

$$\left(\frac{\partial}{\partial t} - \frac{1}{2} \frac{\partial^2}{\partial x^2} \right)$$

を作用させてみるとただちにわかる. したがって, ある時刻での粒子の位置の分布が分かっていれば, (1.6) 式により, それより後の任意の時刻の粒子分布を求めることができるのである.

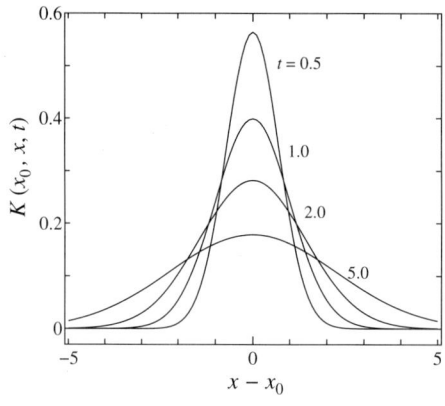

図 1.2　$t = 0.5 \sim 5.0$ での熱核.

熱核の表式は, 離散的な表現に戻って, 時刻 t_j に位置 x_i に粒子がいる場合に, ここへたどり着くための経路の数を数えることで導くことができる. j 回の時間ステップにおいて, 右に μ ステップ, 左に ν ステップ移動して x_i に到達したならば

$$\mu - \nu = i$$
$$\mu + \nu = j$$

である. このような経路の数は j 回の移動のうち μ 回右へ動く場合の数, すなわち ${}_jC_\mu$ だけあるので, 位置 x_i にたどり着く確率は

$$\rho(x_i, t_j) = {}_jC_\mu\, p^\mu q^{j-\mu} \tag{1.7}$$

である. (右へ進む確率を p, 左へ進む確率を $q = 1 - p$ と書いた.) これは二項分布という統計学で良く知られた分布関数である. 統計学の一般的な結果 —— 事象の数が増えると二項分布は正規分布に近づく[*1] —— を用いると, j の大きな極限で (1.7) 式で表わされる $\rho(x,t)$ が熱核 $K(x_0, x, t)$ に一致することを示すことができる. (章末のノートを参照のこと.)

また, 酔歩の問題はコンピューターを使ったシミュレーションで調べることができる. 図 1.3 の左の図は, 乱数を使って求めた 500 ステップの酔歩の軌跡で, それぞれの折れ線は 10 回の試行の結果を示してある. 適当な時刻での粒子位置の分布を調べると, 右の図のように, 多数回の試行の結果, 粒子の位置の分布は正規分布 (ガウス関数) に近づいていく様子が見て取れる. また, もっと後の時刻での位置の分布を調べると, 粒子が遠くまで到達する可能性が増え

[*1] ド・モアブル - ラプラス の定理として知られている.

1.2 確率振幅

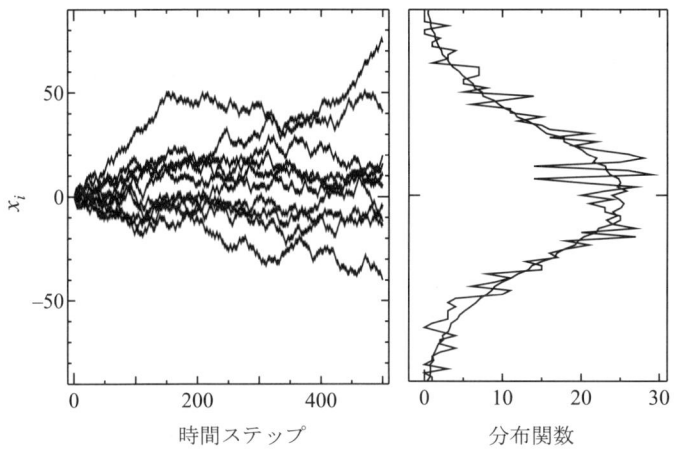

図 1.3 (左) コンピューターによるシミュレーションで求めた random walk の軌跡. (右) 1,000 回と 100,000 回の試行で求めた 500 ステップ後の分布. 試行回数が増えると分布がガウス関数に近づいて行くことが分かる.

るため, より広がったガウス分布になる. これは, 図 1.2 に示した熱核の振る舞いと同じである.

1.2 確率振幅

ここまでの話は古典的な粒子の運動に関するものであった. 粒子の拡散が電子の振る舞いとどのように関係しているのだろうか. 量子力学を勉強したことのある人は, 方程式 (1.3) が自由粒子のシュレーディンガー方程式と似ていることに気付いたことと思う. 実際, 電子やその他のミクロな粒子の量子力学的な振る舞いは, ここに記したブラウン運動に類似した形で記述できるのである.

ただし大きく異なる点があることには注意が必要である. ブラウン運動で

は実際の粒子そのものの動きを扱う．粒子は，当然ながら，はっきりした軌跡に沿って動き，別の試行を行えば異なる経路を通って異なる点にたどり着く．従って ρ が意味するのは，多数の試行を繰り返したときの (もしくは多数の独立な粒子の) 確率である．それに対して，電子が確率的に振る舞う，というときの確率ははるかにとらえにくいものである．量子力学で，ブラウン運動の粒子の動きに相当するものは，確率振幅と呼ばれる複素数の量である．

外力が作用していないとき，電子の振る舞いはシュレーディンガー方程式と呼ばれる偏微分方程式

$$i\hbar\frac{\partial}{\partial t}\psi(x,t) = -\frac{\hbar^2}{2m}\frac{\partial^2}{\partial x^2}\psi(x,t) \tag{1.8}$$

で記述される．(1.8) 式の $\psi(x,t)$ は波動関数 (あるいは確率振幅) と呼ばれる量で，ブラウン運動の場合の $\rho(x,t)$ に相当しているが，異なる意味を持っている．プランク定数 $\hbar$ や電子の質量 m といった定数は長さや時間のスケールを適当に変換することで方程式から取り除くことができる．したがって，式 (1.3) と (1.8) の違いは虚数単位 i だけである．ブラウン運動との対応をつけて，(1.1) 式に類似した解釈を行うと，時刻 t, 位置 x での確率振幅は

$$\psi(x,t) \simeq \psi(x+\Delta x, t-\Delta t) + \psi(x-\Delta x, t-\Delta t) \tag{1.9}$$

のように，わずかに前の時刻の x に近い位置での確率振幅の和で表わされることが示唆される．従って，両方の方程式の解の振る舞いは類似しているように思える．しかし解の意味するところは大きく異なる[*2]．一般的な量子力学の解釈で，電子が位置 x に見つかる確率は確率振幅の絶対値の 2 乗で表わされるから，

$$|\psi(x,t)|^2 \simeq |\psi(x+\Delta x, t-\Delta t) + \psi(x-\Delta x, t-\Delta t)|^2 \tag{1.10}$$

である．これは，時刻 t において位置 x に電子が見つかる確率は，異なる経路を通って来た確率振幅の和の 2 乗により与えられる，ということを示している．

[*2] 複素数の導入は，物理的な意味だけではなく数学的な性質も大きく変える．このことが経路積分を厳密に定義する上での困難の原因になっている．

1.2 確率振幅

(1.10) 式が

$$|\psi(x,t)|^2 \simeq |\psi(x+\Delta x, t-\Delta t)|^2 + |\psi(x-\Delta x, t-\Delta t)|^2 \qquad (1.11)$$

ではないことに注意しなければならない. ここで重要なのは, $\psi(x,t)$ が複素数であるという点で, そのため (1.10) 式の右辺は単純な和ではなく, 大きな値を取ることあれば 0 にも成りうるという点である. (ブラウン運動では, 経路の和といっても, 正の値を取る量 ρ を足し上げればよかった.)

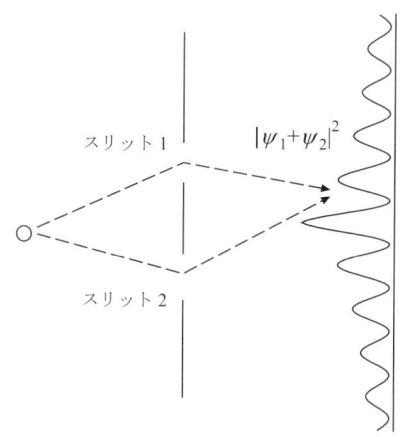

図 1.4 二重スリットの実験の模式図. 2 つの経路を通って来た確率振幅の干渉によりスクリーン上に縞模様ができる. そのためには, スクリーン上の点に電子が見つかる確率は $|\psi_1|^2 + |\psi_2|^2$ ではなくて $|\psi_1 + \psi_2|^2$ でなければならない.

量子力学的粒子の不思議な振る舞いとして良く知られている二重スリットの実験では, 2 つの経路を通って来た確率振幅が干渉し合うことで, スクリーン上に電子が見つかる確率に縞模様ができる. (図 1.4 は図 1.1 の右側の図に似ている.) この思考実験については多くの文献に詳細な記述があるが, ここで

も簡単に紹介しておくことにしよう[*3].

　図1.4で,左側の電子源から出た電子は,中間部におかれた2つのスリットを持つスクリーンを経て,右側のスクリーン(または検出器)へと到達する.一つの電子がスクリーン上に達すると,スクリーン上の一点に輝点が生じる.このことから,電子は弾丸のように空中を飛んで来て,スクリーンに達するように思われるかもしれない.しかし事はそう単純ではない.このような実験を数多く繰り返すと,スクリーン上には,各点に電子が到達する確率に応じた縞模様が生じることが知られている.このとき,スクリーン上の位置 x に電子が見つかる確率はそれぞれの経路を通って来た確率振幅の和の2乗,すなわち $|\psi_1(x)+\psi_2(x)|^2$ であって $|\psi_1(x)|^2+|\psi_2(x)|^2$ ではない.そうでなければスクリーン上の縞模様は生じないのである.この違いは,正に(1.10)式と(1.11)式の違いである.注意しておくと,同時に2つの電子がスクリーンに到達することがないように,照射される電子線の強度をごく弱くしても縞模様は生じる.この現象は,多数の電子が関与するものではなく,ただ一つの電子に起因するものなのである.また,片方のスリットを閉じたり,スリットのすぐ後に検出器を置き電子がどちらのスリットを通ったか調べようとすると,干渉効果は消えて縞模様は見えなくなる.このことが示しているのは, ψ_1 と ψ_2 は単一の電子に関する確率振幅であり,それぞれの電子は同時に両方のスリットを通過しているということである.別の言い方をすれば,電子が干渉する相手は別のスリット(異なる経路)を通って来た自分自身なのである.

　このような,複素数の確率振幅が持つ干渉性こそが電子の振る舞いを記述する上での重要なポイントとなるのである.

　次章以下で,"干渉性","異なる経路を通って来た確率振幅の和"ということを手掛かりとして,電子の振る舞いを記述する方法を調べる.その際に中心的な役割を果たすのが,前節で述べた熱核に相当する関数で,量子力学ではファインマン核と呼ばれるものである.

[*3] たとえば,ファインマン–ヒッブス(巻末の参考文献[1]の1章).

ノート 1-1　ド・モアブル - ラプラスの定理の証明

事象の数 j が大きいとき二項分布は正規分布に近づく, という定理の証明を記しておく.

(1.7) 式

$$\rho(x_i, t_j) = {}_jC_\mu p^\mu (1-p)^{j-\mu} = \frac{j!}{(j-\mu)!\mu!} p^\mu q^{j-\mu}$$

に, $j, \mu, j-\mu$ が大きいものとして スターリングの公式[*4]

$$n! \simeq \sqrt{2\pi}\, n^{n+1/2} e^{-n}$$

を用いると

$$\rho(x_i, t_j) = \frac{1}{\sqrt{2\pi}} \left[\frac{j}{(j-\mu)\mu}\right]^{1/2} \left(\frac{jp}{\mu}\right)^\mu \left(\frac{jq}{j-\mu}\right)^{j-\mu}$$

と書ける. この式の各因子の対数を j が大きい場合に見積もる.

まず, 二項分布の平均, 分散がそれぞれ jp, jpq であることから, 変数 t を

$$t = \frac{\mu - jp}{\sqrt{jpq}}$$

と導入し, μ と置き換える. すると第一の因子は

$$\log\left[\frac{j}{(j-\mu)\mu}\right]^{1/2} = -\frac{1}{2}\log\left[(jpq)\left(1 - t\sqrt{\frac{p}{jq}}\right)\left(1 + t\sqrt{\frac{q}{jp}}\right)\right]$$

$$\simeq -\frac{1}{2}\log(jpq)$$

とできる. また残りの因子は $\log$ のテイラー展開を用いて

$$\log\left(\frac{jp}{\mu}\right)^\mu = -(jp + t\sqrt{jpq})\log\left(1 + t\sqrt{\frac{q}{jp}}\right)$$

$$\simeq -(jp + t\sqrt{jpq})\left(t\sqrt{\frac{q}{jp}} - \frac{t^2 q}{2jp}\right)$$

[*4] スターリングの公式の証明は 5 章に示す.

$$\simeq -t\sqrt{jpq} - \frac{q}{2}t^2$$

$$\log\left(\frac{jq}{j-\mu}\right)^{j-\mu} \simeq t\sqrt{jpq} - \frac{p}{2}t^2$$

を得る．

以上の結果と $p = q = 1/2$ を使って，二項分布が正規分布で近似できること，すなわち

$$\rho(x_i, t_j) = \frac{1}{\sqrt{2\pi jpq}} e^{-t^2/2} = \sqrt{\frac{2}{\pi j}} e^{-2(\mu - j/2)^2/j}$$

$$= \sqrt{\frac{2}{\pi j}} e^{-(\mu-\nu)^2/2j}$$

という表式を得る．$t = j/4, x = (\mu - \nu)/2$ とスケールを取れば，これは熱核の表式 (1.4) に一致する．

図 1.5 はいくつかの小さい j の値に対する二項分布関数をプロットしたものである．j が大きくなるとガウス分布に近いものになっていることがわかる．

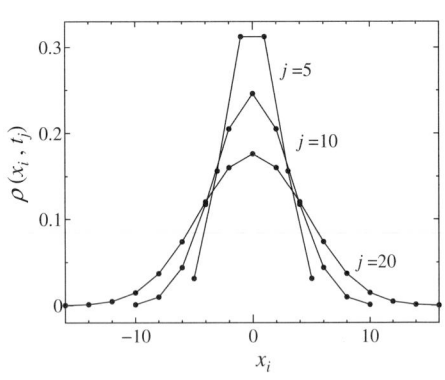

図 1.5　$j = 5, 10, 20$ での二項分布関数．

第2章

経路積分法

2.1 ファインマン核

量子力学では，電子の振る舞いは波動関数で記述される．波動関数は時間に依存するシュレーディンガー方程式

$$i\hbar \frac{\partial}{\partial t}\psi(x,t) = \mathcal{H}\psi(x,t) \tag{2.1}$$

に従って時間的に変化してゆく[*1]．$\psi(x,t)$ が波動関数，$\mathcal{H}$ はハミルトン演算子である．シュレーディンガー方程式 (2.1) の解を，積分形で

$$\psi(x,t) = \int_{-\infty}^{\infty} K(x,t;x_0,t_0)\psi(x_0,t_0)\,dx_0 \tag{2.2}$$

と書き表したときの積分核 $K(x,t;x_0,t_0)$ をファインマン核とよぶ．(2.2) 式の $\psi(x_0,t_0)$ は初期時刻での波動関数で，ファインマン核の具体的な表式が分かっていれば，(2.2) 式の積分を行って任意の時刻での波動関数を求めることができる．その意味で，(2.2) 式は (2.1) のシュレーディンガー方程式と等価であり，ファインマン核を求めることはシュレーディンガー方程式を解くことに等しい．

(2.2) 式は (1.6) 式に似ていることに気付かれたことと思う．電子の波 (確率振幅) は前節で述べたように，拡散に類似した形で空間を伝わっていく．その

[*1] 当面 1 次元表記を用いる．3 次元の表記への変更は容易である．

際の熱核に相当するものがファインマン核である.

波動関数はヒルベルト空間の状態ベクトルの内積として,いわゆる位置表示で

$$\psi(x,t) = \langle x|\psi(t)\rangle \tag{2.3}$$

と表わされる[*2]. 波動関数の時間依存性はケットベクトル $|\psi(t)\rangle$ が担っているので,時間発展の演算子 $U(t,t_0)$ を

$$|\psi(t)\rangle = U(t,t_0)|\psi(t_0)\rangle \tag{2.4}$$

と導入しよう[*3]. すると $U(t,t_0)$ に対して (2.1) と類似の

$$i\hbar\frac{\partial}{\partial t}U(t,t_0) = \mathcal{H}U(t,t_0) \tag{2.5}$$

という方程式が得られるが,これは容易に解けて

$$U(t,t_0) = e^{-i\mathcal{H}(t-t_0)/\hbar} \tag{2.6}$$

を得る.ただしハミルトニアンはあらわに時間依存しない場合を考えている.時間発展演算子により状態の規格化因子が保持されていることを注意しておく.すなわち

$$\langle\psi(t)|\psi(t)\rangle = \langle\psi(t_0)|U^*(t,t_0)U(t,t_0)|\psi(t_0)\rangle \tag{2.7}$$

または

$$U^*(t,t_0) = U^{-1}(t,t_0) \tag{2.8}$$

が成り立っている.時間発展演算子のこの性質はユニタリーと呼ばれている.

以上の性質を用いると,ファインマン核を時間発展演算子の行列要素

$$K(x,t;x_0,t_0) = \langle x|U(t,t_0)|x_0\rangle \tag{2.9}$$

と表わすことができる.これは (2.2) 式を

[*2] 状態ベクトルを使った表示については付録 B を参照のこと.
[*3] 波動関数の時間変化を扱っているのであるから,いわゆるシュレーディンガー描像に立っていることになる.

2.1 ファインマン核

$$\langle x|\psi(t)\rangle = \int_{-\infty}^{\infty} dx_0 \langle x|U(t,t_0)|x_0\rangle\langle x_0|\psi(t_0)\rangle$$

$$= \langle x|U(t,t_0)|\psi(t_0)\rangle \tag{2.10}$$

と書くことでただちに分かる.

(2.9) 式からわかるファインマン核の性質を列記しておく. ファインマン核は
(i) 運動方程式

$$\left[\mathcal{H} - i\hbar\frac{\partial}{\partial t}\right] K(x,t;x_0,t_0) = 0 \tag{2.11}$$

を満たす.
(ii) $t \to t_0$ では

$$\lim_{t \to t_0} K(x,t;x_0,t_0) = \langle x|x_0\rangle = \delta(x - x_0) \tag{2.12}$$

が成り立つ.
(iii) 結合則

$$K(x,t;x_0,t_0) = \langle x|U(t,t_0)|x_0\rangle$$

$$= \int_{-\infty}^{\infty} dx' \langle x|U(t,t')|x'\rangle\langle x'|U(t',t_0)|x_0\rangle$$

$$= \int_{-\infty}^{\infty} dx' K(x,t;x',t') K(x',t';x_0,t_0) \tag{2.13}$$

を満たす.
(iv) 時間発展演算子のユニタリー性に由来して

$$\int dx' K(x,t;x',t') K(x',t';x_0,t) = \int_{-\infty}^{\infty} dx' \langle x|U(t,t')|x'\rangle\langle x'|U(t',t)|x_0\rangle$$

$$= \langle x|x_0\rangle = \delta(x - x_0) \tag{2.14}$$

が成り立つ,
といった性質を持っている.

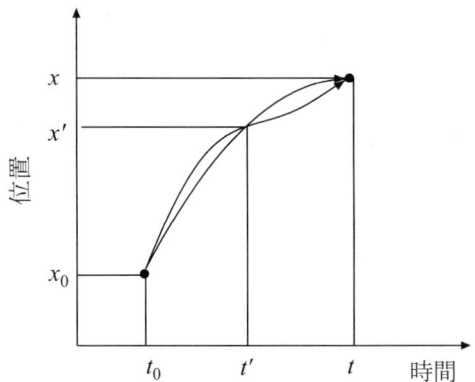

図 2.1　点 (x_0, t_0) から点 (x, t) 波の伝播は中間点 (x', t') を経由するように記述できる．ただし中間点 x' については積分する．

　これらの性質 (i)～(iv) の意味することは以下の通りである．まず，(i) はファインマン核がシュレーディンガー方程式に従って時間変化していくことを表わしている．(ii) が微分方程式の初期条件と見なせることと合わせれば，ファインマン核とは，初期時刻に位置 x_0 に局在していた電子の，後の時刻での波動関数であると言える[*4]．これはちょうど，初期時刻でデルタ関数であった熱核が後の時刻での粒子の分布を表わしているのと同じことである．(iii) は，点 x_0 から点 x への波の伝播は，まず x_0 から中間点 x' へ伝播し次に x' から x へ伝播するものと見なせることを示している．ただし中間点 x' としてはあらゆる可能性を考える必要があるので，x' については積分しなければならない．この様子は図 2.1 に模式的に示されている．この性質は次節で経路積分公式を導く際に重要な役割をはたす．(iv) が意味するのは確率の保存，すなわち (2.2) 式で記述される波動関数の絶対値 2 乗を積分したものは時間によらず一定であるということである．実際 (2.14) を用いて容易に $\langle \psi(t) | \psi(t) \rangle = \langle \psi(t_0) | \psi(t_0) \rangle$ を導くことができる．

[*4] 厳密に言えば，波動関数が $[\mathrm{m}^{-1/2}]$ の次元を持つのに対して，ファインマン核の次元は $[\mathrm{m}^{-1}]$ であるので，両者は完全に同じものではない．デルタ関数の広がり幅の平方根程度の大きさの係数が掛かっていると見るべきである．

物理数学では，波の伝播を記述するためにグリーン関数と呼ばれる関数が用いられることが多い．関数 $G(x, t; x_0, t_0)$ を

$$G(x, t; x_0, t_0) \equiv -i\theta(t - t_0) K(x, t; x_0, t_0) \tag{2.15}$$

で定義すると，(2.11) を用いて，この関数が微分方程式

$$\left[\mathcal{H} - i\hbar \frac{\partial}{\partial t} \right] G(x\,t, x_0\,t_0) = \hbar \delta(x - x_0) \delta(t - t_0) \tag{2.16}$$

を満たすことを示すことができる．これは物理数学に現れる一体のグリーン関数が満たす微分方程式である[*5]．すなわち (2.15) 式で定義される $G(x, t; x_0, t_0)$ がグリーン関数であることが分かる．以上の説明から明らかなように，ファインマン核とグリーン関数はわずかな定義の違いを除いてほぼ同じものである．(2.15) 式で定義されるグリーン関数が，時間についての階段関数 $\theta(t - t_0)$ のために時間につれて変化する波の様子のみを記述するのに対して，ファインマン核は時間をさかのぼる変化をも記述できる．しかし本書では，特にことわらなければ $t > t_0$ であるものと約束しておく．従ってファインマン核とグリーン関数は全く同一である．文献によってファインマン核，グリーン関数，プロパゲータなどと呼ばれるが，どれもほぼ同じものである．従って，ファインマン核を用いることで，シュレーディンガー方程式にしたがって変化してゆく電子波の時間変化の様子を記述できるのである[*6]．

2.2　経路積分 1

この節と次節で，ファインマン核の具体的な表現を導く．その際に中心的な役割を果たすのが，前章でも述べた，"異なる経路を通って来た振幅の干渉" という考えである．

ハミルトニアンが 2 つの部分からなっており，$\mathcal{H} = T + V(x)$ と書けるもの

[*5] 正確には，遅延グリーン関数と呼ばれる．その他にも先進グリーン関数，因果グリーン関数などいくつかの種類がある．

[*6] 具体的な電子波の伝播の様子は 6 章の図に示されている．

とする. ここで $T = \dfrac{p^2}{2m}$ は運動エネルギー, $V(x)$ はポテンシャルエネルギーの演算子である. 時間間隔 $t - t_0$ を N 個の微小な区間に分割し $\epsilon = (t - t_0)/N$ とする. トロッターの公式

$$U(t - t_0) = e^{-i\mathcal{H}(t-t_0)/\hbar} = \left[e^{-i(T+V)\epsilon/\hbar}\right]^N$$

$$\simeq \left[e^{-iT\epsilon/\hbar} e^{-iV\epsilon/\hbar}\right]^N \tag{2.17}$$

を利用して, t_0 から t までの時間発展を記述する演算子を, 微小時間 ϵ の時間発展演算子の積として表わす. T と V は一般に交換しないのでこの様に書くことはできないように思われるが, 本章末のノート 2-2 に示した良く知られた公式により

$$e^{-i(T+V)\epsilon/\hbar} = e^{-iT\epsilon/\hbar}\, e^{-iV\epsilon/\hbar}\, e^{i[T,V]\epsilon^2/2\hbar} \tag{2.18}$$

($[T, V]$ は交換子) と書けることから, T と V の交換関係から来る誤差は $1/N^2$ のオーダーであり, N が大きい極限では (2.17) 式が成り立つことがわかる. したがって (2.9), (2.17) 式によりファインマン核は

$$K(x, t; x_0, t_0) = \lim_{N \to \infty} \langle x | \left[e^{-iT\epsilon/\hbar} e^{-iV\epsilon/\hbar}\right]^N | x_0 \rangle \tag{2.19}$$

と書き表わされるが, ここに恒等演算子 (位置のブラ, ケットに対して成り立つ完備性関係)[*7]

$$\int dx_j\, |x_j\rangle\langle x_j| = \mathbf{1} \tag{2.20}$$

を各時刻 (j で表わされている) に挟むと,

$$K(x, t; x_0, t_0) = \lim_{N \to \infty} \int dx_1 \cdots dx_{N-1} \prod_{j=0}^{N-1} \langle x_{j+1}| e^{-iT\epsilon/\hbar} e^{-iV\epsilon/\hbar} |x_j\rangle \tag{2.21}$$

という表式を得る[*8]. ここで $x_N = x$ である. さらに, 運動量のブラ, ケットの

[*7] 付録 B の (B.18) 式.
[*8] 積分範囲は考えている系によるのだが, 基本的には $-\infty \sim \infty$ である. 本書では, 特に必要がある場合を除いて積分範囲は明示しない.

2.2 経路積分 1

完備性関係

$$\int dp_j |p_j\rangle\langle p_j| = \mathbf{1} \tag{2.22}$$

も各項に挟んで,

$$\begin{aligned}
K(x,t;x_0,t_0) &= \lim_{N\to\infty} \int dx_1 \cdots dx_{N-1} \int dp_0 \cdots dp_{N-1} \\
&\quad \times \prod_{j=0}^{N-1} \langle x_{j+1}|e^{-iT\epsilon/\hbar}|p_j\rangle\langle p_j|e^{-iV(x)\epsilon/\hbar}|x_j\rangle \\
&= \lim_{N\to\infty} \int dx_1 \cdots dx_{N-1} \int dp_0 \cdots dp_{N-1} \\
&\quad \times \prod_{j=0}^{N-1} \langle x_{j+1}|e^{-i(p_j^2/2m)\epsilon/\hbar}|p_j\rangle\langle p_j|e^{-iV(x_j)\epsilon/\hbar}|x_j\rangle
\end{aligned} \tag{2.23}$$

を得る. ただし 2 行目への書き換えには

$$e^{-iV(x)\epsilon/\hbar}|x_j\rangle = e^{-iV(x_j)\epsilon/\hbar}|x_j\rangle \tag{2.24}$$

$$e^{-iT\epsilon/\hbar}|p_j\rangle = e^{-i(p_j^2/2m)\epsilon/\hbar}|p_j\rangle \tag{2.25}$$

を用いた.

(2.23) 式の最後の表式では, 指数関数の肩の p_j, $V(x_j)$ はもはや演算子ではなく普通の数なので, ブラケットの外に出すことができて,

$$\begin{aligned}
K(x,t;x_0,t_0) &= \lim_{N\to\infty} \int dx_1 \cdots dx_{N-1} \int dp_0 \cdots dp_{N-1} \\
&\quad \times \prod_{j=0}^{N-1} e^{-(i/\hbar)\epsilon[(p_j^2/2m)+V(x_j)]} \langle x_{j+1}|p_j\rangle\langle p_j|x_j\rangle \\
&= \lim_{N\to\infty} \left(\frac{1}{2\pi\hbar}\right)^N \int dx_1 \cdots dx_{N-1} \int dp_0 \cdots dp_{N-1}
\end{aligned}$$

$$\times e^{(i/\hbar)\epsilon \sum_{j=0}^{N-1}[p_j(x_{j+1}-x_j)/\epsilon-(p_j^2/2m)-V(x_j)]}$$

(2.26)

となる。ここで $\langle x_j|p_j\rangle = \dfrac{e^{ip_j x_j/\hbar}}{\sqrt{2\pi\hbar}}$ を用いた[*9]．この式 (2.26) が求めるべきファインマン核の経路積分表現である．

$N \to \infty$ (従って $\epsilon \to 0$) の極限では，指数関数の肩は時間についての積分と見なせて

$$\epsilon \sum_{j=0}^{N-1}\left[p_j\frac{(x_{j+1}-x_j)}{\epsilon} - \frac{p_j^2}{2m} - V(x_j)\right] \simeq \int_{t_0}^{t} d\tau[p\dot{x} - \mathcal{H}] \equiv S(x,t;x_0,t_0) \quad (2.27)$$

となる[*10]．この関数 $S(x,t;x_0,t_0)$ は解析力学で用いられる作用積分，すなわちラグランジアン

$$\mathcal{L}(x,\dot{x}) = \frac{m}{2}\dot{x}^2 - V(x) = p\dot{x} - \mathcal{H}(p,x) \quad (2.28)$$

を時間積分した量であることがわかる．

ファインマン核の表現 (2.26) は，t_0 から t の間の時間に，電子が取りうる全ての運動量と占めうる全ての位置についての和になっている．別の言い方をすると，始点と終点を結ぶ全ての経路についての積分である．このことから (2.26) 式は位相空間での経路積分もしくはハミルトニアン経路積分と呼ばれている．経路についての積分であることをわかりやすく示すためにこれを記号的に

$$K(x,t;x_0,t_0) = \int \delta x(\tau)\,\delta p(\tau)\, e^{(i/\hbar)\int_{t_0}^{t}[p\dot{x}-\mathcal{H}(p,x)]d\tau} \quad (2.29)$$

のように書き表すこともある．

2.3　経路積分 2

ファインマン核の経路積分による表現 (2.26) 式において，各時刻での運動

[*9] この表式については付録 B を参照のこと．
[*10] $(x_{j+1} - x_j)/\epsilon = \dot{x}$ である．

2.3 経路積分 2

量 p_j についての積分はガウス積分であるので,完全平方にして積分変数の変換を行うことができる.p_j に関する部分を取り出して,具体的に計算を行うと

$$\int_{-\infty}^{\infty} e^{\frac{i}{\hbar}\epsilon\left[p_j\frac{(x_{j+1}-x_j)}{\epsilon}-\frac{p_j^2}{2m}\right]} dp_j$$

$$= \int_{-\infty}^{\infty} e^{-\frac{i}{\hbar}\frac{\epsilon}{2m}\left[p_j-m\left(\frac{x_{j+1}-x_j}{\epsilon}\right)\right]^2} dp_j \times e^{\frac{i}{\hbar}\frac{\epsilon m}{2}\left(\frac{x_{j+1}-x_j}{\epsilon}\right)^2}$$

$$= \sqrt{\frac{2m\pi\hbar}{i\epsilon}} e^{\frac{i}{\hbar}\frac{\epsilon m}{2}\left(\frac{x_{j+1}-x_j}{\epsilon}\right)^2} \tag{2.30}$$

と変形して p_j を消去することができる.ここで積分

$$\int_{-\infty}^{\infty} e^{-iax^2} dx = \sqrt{\frac{\pi}{ia}} \tag{2.31}$$

を用いた.この表式 (2.31) の導出はこの節の後の方で行う[*11].この積分は今後至る所で用いる.

(2.30) を用いることで,ファインマン核は

$$K(x,t;x_0,t_0) = \lim_{N\to\infty} \left(\frac{m}{2\pi i\hbar\epsilon}\right)^{N/2} \int dx_1 \cdots dx_{N-1} e^{\frac{i}{\hbar}\sum_{j=0}^{N-1}\left[\frac{m}{2}\left(\frac{x_{j+1}-x_j}{\epsilon}\right)^2 - V(x_j)\right]} \tag{2.32}$$

とも表わされる[*12].この表式で指数関数の肩はやはり作用積分に $i/\hbar$ を掛けたものであることが

[*11] 章末のノート 2-3 を参照のこと.
[*12] 経路積分法に関する表式には根号の中に複素数を持つものがよく現れるが,これには注意が必要である.たとえば

$$\sqrt{\frac{1}{i}} = \frac{1}{\sqrt{e^{i\pi/2}}} = \frac{1}{e^{i\pi/4}} = e^{-i\pi/4}$$

と変形するのと,これを

$$\sqrt{\frac{1}{i}} = \sqrt{-i} = \sqrt{e^{i3\pi/2}} = e^{i3\pi/4}$$

とするのでは結果が異なる.$z^{1/2}$ は多価関数なので,z がどれだけの位相を持っているかに注意を払わなければならないのである.

$$\epsilon \sum_{j=0}^{N-1} \left[\frac{m}{2}\left(\frac{x_{j+1}-x_j}{\epsilon}\right)^2 - V(x_j) \right] \simeq \int_{t_0}^{t} \left[\frac{m}{2}\dot{x}^2(\tau) - V(x(\tau)) \right] d\tau \qquad (2.33)$$

から分かる. この表式をファインマン経路積分あるいはラグランジアン経路積分といい, 連続極限で記号的に

$$K(x,t;x_0,t_0) = \int \delta x(\tau)\, e^{(i/\hbar)\int_{t_0}^{t}\mathcal{L}(x,\dot{x})d\tau} \qquad (2.34)$$

の様に表わすこともある.

　経路積分公式の意味することは以下の通りである. 量子論では, 電子は定まった軌道を持たず, 初期時刻に始点 (x_0,t_0) を発して終点 (x,t) に達する経路としてあらゆる可能性がある. このことは図 2.2(a) に模式的に示されている. 実際, 可能な全ての経路を通って来た振幅の和で終点 (x,t) での振幅は与えられるのであるが, 全ての経路が同じだけの寄与をするわけではない. それを見るために, 時間を分割してそこにスリットを挿入したと考えよう. 図 2.2(b) では時間間隔を 3 つに分割した例を示してある. このようにすると, 各時刻 t_j には電子はスリットの空隙を通らねばならないから, (x_0,t_0) から (x,t) に達する有限個の経路を考えていることに相当し, (x,t) での振幅は各経路を通って来た振幅の和で与えられる. (これと第 1 章で述べた二重スリットの実験との類似性に注意.) この様な状況で時間間隔を狭くすると同時にスリットの数を増やし, 空隙の数も増やしてゆくと, (x,t) での振幅はあらゆる経路を通って来た電子の振幅の和になる. (2.26) 式を導くために完備性の式 (2.20), (2.22) を挿入したことにはこの様な意味があったのである. その結果として, 経路積分公式から分かるように, それぞれの経路の振幅にはその経路に沿った作用積分が重みとして掛かっているのである.

　粒子の運動が古典的とみなせる場合 (すなわち $\hbar \sim 0$ としてもよい場合) には, 作用が最小になるような経路からの寄与が支配的になる. なぜならば, 軌道がわずかに異なってもそれに対応する $S/\hbar$ の違いは非常に大きいので $e^{iS/\hbar}$ は激しく振動し, 異なる軌道からの確率振幅を重ね合わせると打ち消し合ってほとんどゼロになってしまうからである. そのような振幅の打ち消し合いが

2.3 経路積分 2

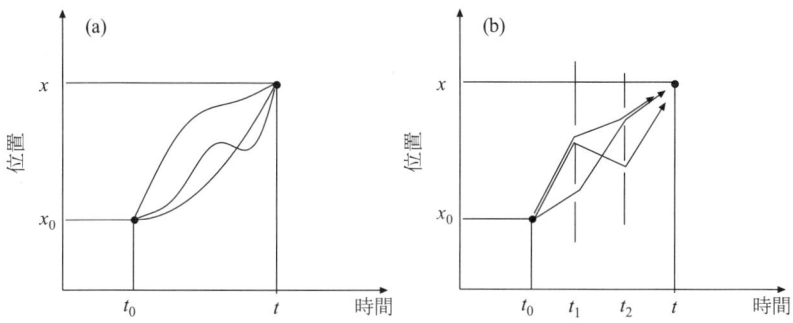

図 2.2 経路積分法の概念図. 始点 (x_0, t_0) から終点 (x, t) への経路を時間を分割して表わす.

起こらないのは, 作用積分 $S = \int_{t_0}^{t} \mathcal{L} d\tau$ が極値を取る場合 (実際には最小値) だけで, その時には解析力学で知られているように, 変分原理 (最小作用の原理)

$$\delta S = 0 \tag{2.35}$$

が実際に起こる運動の軌跡を与える. (2.35) 式から, 軌道の変化による作用の変化分は

$$\delta S = \int_{t_0}^{t} \left[\frac{\partial \mathcal{L}}{\partial x} \delta x + \frac{\partial \mathcal{L}}{\partial \dot{x}} \delta \dot{x} \right] dt$$

$$= \int_{t_0}^{t} \left[\frac{\partial \mathcal{L}}{\partial x} - \frac{d}{dt}\left(\frac{\partial \mathcal{L}}{\partial \dot{x}}\right) \right] \delta x \, dt \tag{2.36}$$

と変形できる. ただし 2 行目への変形は部分積分を用い, 経路の始点と終点は固定されていることを用いてある. これが任意の経路変化 δx に対して成り立つことから導かれるオイラー–ラグランジュの方程式

$$\frac{d}{dt}\left(\frac{\partial \mathcal{L}}{\partial \dot{x}}\right) = \frac{\partial \mathcal{L}}{\partial x} \tag{2.37}$$

により粒子の運動は記述される[*13].

[*13] 解析力学の要点を付録 A にまとめた.

量子論においても，最大の寄与は作用が最小となるような経路 (すなわち古典経路) から来る，という点は古典力学と同じである．しかし $\hbar$ がゼロではない有限の値を持つために，古典経路だけでなくその周辺の経路からの寄与も無視できない．ここに古典力学と量子力学の違いがある．

このように経路積分公式には，古典力学に基づいて量子力学的粒子の振る舞いを解釈でき，またそのような観点からの近似法を導入できるという利点がある．しかし，経路積分も未解決の原理的な問題をかかえている．全ての経路という言葉は，いたるところで不連続であったり微分不可能であるような経路をも含んでいるのだが，そのような経路も含めた形で積分測度を定義することはできていない．ただし，そのような "特異な" 経路は作用を最小とするようなものからはかけ離れているはずであり，電子の運動にほとんど寄与しないであろう．そのため，実用上は特異な経路は無視しても構わないものと期待できる．

注意しておくと，"電子の軌道" とは言っても各時刻に単一の数値で表わされるような位置および速度があるわけではない．質点の運動とは違って，あくまでもある程度の広がりを持つ波束の軌道であり位置や速度は平均値のまわりで分布しているのである．さらに，後の章で示すように，大抵の場合時間とともに空間的な分布は広がっていくので，軌道を長時間にわたって追いかけるのは不可能なのである．

そのように限界があるとはいえ，電子を動くものとして捉えて古典力学の観点からその振る舞いを理解できるのが経路積分法の大きな特長である．

例題2-1　1次元の自由粒子

自由粒子に対しては $V(x) = 0$ である．この場合には x_j についての積分はやはりガウス積分なので実行できる．(2.32) 式で x_1 に関する部分を取り出して積分を実行すると，

$$\int_{-\infty}^{\infty} dx_1\, e^{\frac{i}{\hbar}\frac{m}{2\epsilon}[(x_2-x_1)^2+(x_1-x_0)^2]} = \sqrt{\frac{\pi i\hbar\epsilon}{m}}\, e^{\frac{i}{\hbar}\frac{m}{4\epsilon}(x_2-x_0)^2}$$

2.3 経路積分 2

となる.

同様に x_j での積分を順次実行していくと, ファインマン核が

$$K(x, t; x_0, t_0) = \sqrt{\frac{m}{2\pi i\hbar(t - t_0)}} e^{\frac{i}{\hbar} \frac{m(x-x_0)^2}{2(t-t_0)}} \qquad (*)$$

で与えられることがわかる.

この場合指数関数の肩の関数は

$$\frac{m(x - x_0)^2}{2(t - t_0)} = \int_{t_0}^{t} \frac{m}{2} \dot{x}(\tau)^2 d\tau \equiv S_{cl}$$

で, これは運動エネルギーを t_0 から t まで時間積分した量, すなわち古典的経路に沿って求めた作用である. ここで

$$x(\tau) = x_0 + \frac{(x - x_0)}{(t - t_0)}(\tau - t_0)$$

は古典軌道 (つまり始点と終点を結ぶ等速直線運動) であり, 速度は $\dot{x} = (x - x_0)/(t - t_0)$ である.

また後で明らかになるように[*14], (*) 式の前に付いている因子はこの古典的な作用を用いて

$$\sqrt{\frac{m}{2\pi i\hbar(t - t_0)}} = \sqrt{\frac{i}{2\pi\hbar} \frac{\partial^2 S_{cl}}{\partial x \partial x_0}}$$

と表わすことができる.

求めた自由粒子のファインマン核を使って, 波動関数の時間変化を記述してみる. 初期状態が波数 k の平面波の時 $\psi(x_0) = e^{ikx_0}/\sqrt{L}$ として, 時刻 t での状態は

$$\psi(x, t) = \int dx_0 \sqrt{\frac{m}{2\pi i\hbar(t - t_0)}} e^{\frac{i}{\hbar} \frac{m(x-x_0)^2}{2(t-t_0)}} e^{ikx_0}/\sqrt{L}$$

$$= \frac{1}{\sqrt{L}} e^{-i\frac{\hbar k^2}{2m}(t-t_0) + ikx}$$

と計算できる.

[*14] WKB 近似の章を参照のこと.

自由粒子のエネルギーは $E_k = \dfrac{\hbar^2 k^2}{2m}$ なので，時間が経った後の波動関数は依然として同じ波数の平面波で，位相が $E_k(t-t_0)/\hbar$ だけ変化している，という当然期待される結果が得られる．

2.4 波動関数の位相因子とポテンシャル

位置によらないポテンシャル V_0 が系に加わったと考えてみよう．ラグランジアンは

$$\mathcal{L}' = \mathcal{L} - V_0 = T - V(x) - V_0 \tag{2.38}$$

となる．変分原理を用いてこのラグランジアンから導かれるオイラー–ラグランジュの方程式は，(2.37) 式と全く同じものである．つまり定数のポテンシャルは古典的な粒子の運動には何の影響も及ぼさない．これは，粒子に作用する力がポテンシャルの微係数で与えられることから当然予想されることである．

しかし，作用が

$$S'(x,t;x_0,t_0) = \int_{t_0}^{t} \mathcal{L}' d\tau = S(x,t;x_0,t_0) - V_0(t-t_0) \tag{2.39}$$

と定数ポテンシャルから来る付加項を持つために，経路積分公式を用いると，時刻 t での波動関数は

$$\psi(x,t) \longrightarrow e^{-iV_0(t-t_0)/\hbar}\psi(x,t) \tag{2.40}$$

とポテンシャルから来る位相因子を持つことになる．これはゲージ変換と呼ばれるものの最も簡単な例である[*15]．

エネルギー E_i を持つ固有状態の時間依存性が $e^{-iE_i t/\hbar}$ であったことを思い出すと，定数のポテンシャルはこれを $e^{-i(E_i+V_0)t/\hbar}$ に変える．すなわちエネルギーが

[*15] 一般には，位置や時間に依存するポテンシャルに対する波動関数の変換性をゲージ変換と呼ぶ．

2.5 固有関数による展開

$$E_i \longrightarrow E_i + V_0 \tag{2.41}$$

と,ポテンシャルの分だけかさ上げされることになる.

波動関数が (2.40) のように変化してもその絶対値 2 乗には変わりはないので,古典粒子の軌道同様に,電子の挙動には V_0 の影響がないと思うかもしれない.しかし,図 1.4 で示した二重スリットの実験の様に,異なる経路を通って来た電子波の干渉効果には経路間の位相差が影響する.このような波動関数の位相変化はアハラノフ-ボーム効果のような興味深い現象の原因となる.アハラノフ-ボーム効果のようなタイプの干渉効果については数多くの研究があり文献も多いので[*16] 本書では触れない.

我々は 5 章で,もう少し違った形での電子波の干渉について述べる.そこでは,ここで述べた定数ポテンシャルによるゲージ変換が重要な役割を果たす.

2.5 固有関数による展開

与えられたハミルトニアンの固有関数と固有値が分かっているならば,それを用いてファインマン核を表わすことができる.この表示は,経路積分公式とはいわば相補的な関係にあり,両者を組み合わせて用いることで,計算結果に適切な物理的解釈を与えることができるのである.

2.1 節で述べたように,状態ベクトルの時間発展は,初期状態 $|\psi(0)\rangle$ に時間発展の演算子 $e^{-i\mathcal{H}t/\hbar}$ を作用させることにより

$$|\psi(t)\rangle = e^{-i\mathcal{H}t/\hbar}|\psi(0)\rangle \tag{2.42}$$

と記述される.ここにハミルトニアンの固有関数系 $|\phi_i\rangle$ についての完備性関係

$$\sum_i |\phi_i\rangle\langle\phi_i| = \mathbf{1} \tag{2.43}$$

を挿入して

[*16] たとえば巻末の参考文献 [14] の 5 章.

$$|\psi(t)\rangle = e^{-i\mathcal{H}t/\hbar}|\psi(0)\rangle$$

$$= e^{-i\mathcal{H}t/\hbar}\sum_i |\phi_i\rangle\langle\phi_i|\psi(0)\rangle = \sum_i e^{-iE_it/\hbar}|\phi_i\rangle\langle\phi_i|\psi(0)\rangle \tag{2.44}$$

を得る.ここで E_i は $\phi_i(x)$ に対応した固有値である.この式に左から $\langle x|$ を掛けると

$$\psi(x,t) \equiv \langle x|\psi(t)\rangle = \sum_i c_i\,\phi_i(x)\,e^{-iE_it/\hbar} \tag{2.45}$$

となる.ここで係数 c_i は

$$c_i = \langle\phi_i|\psi(0)\rangle = \int dx_0 \langle\phi_i|x_0\rangle\langle x_0|\psi(0)\rangle \tag{2.46}$$

のように書けるので,これを (2.45) 式に代入して,

$$\psi(x,t) = \int dx_0 \left[\sum_i \phi_i(x)\,\phi_i^*(x_0)\,e^{-iE_it/\hbar}\right]\psi(x_0,0) \tag{2.47}$$

を得る.この式を (2.2) 式と比較してみればわかるように,ファインマン核をハミルトニアンの固有値と固有関数を使って

$$K(x,t;x_0,t_0) = \sum_i \phi_i(x)\,\phi_i^*(x_0)\,e^{-iE_i(t-t_0)/\hbar} \tag{2.48}$$

と表わすことができる.

　同じことであるが,この表式は (2.9) 式 $K(x,t;x_0,t_0) = \langle x|U(t,t_0)|x_0\rangle$ に固有状態の完備性関係を挿入し,固有状態に対してはハミルトニアンが対角形になっていることを用いても得られる.

　先の例題 2-1 でも調べた自由粒子の場合についてこれを計算してみる.自由粒子の場合,固有関数は平面波なので,$\phi_k(x) = \dfrac{1}{\sqrt{L}}e^{ikx}$ を用いて

$$K(x,t;x_0,t_0) = \frac{1}{L}\sum_k e^{ik(x-x_0)-iE_k(t-t_0)/\hbar}$$

$$\tag{2.49}$$

2.5 固有関数による展開

$$E_k = \frac{\hbar^2 k^2}{2m}$$

となり, k での和を積分に直して求めると

$$K(x, t; x_0, t_0) = \sqrt{\frac{m}{2\pi i \hbar (t - t_0)}}\, e^{\frac{i}{\hbar} \frac{m}{2} \frac{(x-x_0)^2}{t-t_0}} \tag{2.50}$$

を得る. 当然ながら, これは先の例題で多重積分を実行して求めた表式, 例題 2-1 の (∗) 式と一致している.

例題 2-2　2 準位系での状態の時間変化

ここで, 簡単なモデルを用いて, ファインマン核により状態の時間発展を記述する例を見てみよう. この例題で想定するのは, 下の図 2.3 に示すように, 2 つのサイトを持ちそれぞれのサイトに局在状態が付随しているという, 水素分子のような系である. ただし簡単のために空間の次元は 1 次元としておく.

$|\eta_1\rangle, |\eta_2\rangle$ をそれぞれの位置にある局在した基底とし, これらは互いに直交しているものとする. この基底で表わしたハミルトニアンを

$$\mathcal{H}_{ij} = \begin{pmatrix} \langle \eta_1 | \mathcal{H} | \eta_1 \rangle & \langle \eta_1 | \mathcal{H} | \eta_2 \rangle \\ \langle \eta_2 | \mathcal{H} | \eta_1 \rangle & \langle \eta_2 | \mathcal{H} | \eta_2 \rangle \end{pmatrix} \equiv \begin{pmatrix} \varepsilon & -V \\ -V & \varepsilon \end{pmatrix} \tag{b}$$

とする. (表記を簡単にするため, V は実数とした.) この式で, ハミルトニアン行列の対角要素 ε はサイト 1 またはサイト 2 でのエネルギーを表わす. 一方, 非対角成分 V は状態がサイト間を遷移する確率である. もし V がゼロなら, 初期時刻にどちらかのサイトにあった電子はずっとその位置にある. すなわち $|\eta_i\rangle$ が固有状態である. しかし V が有限の値を持つなら

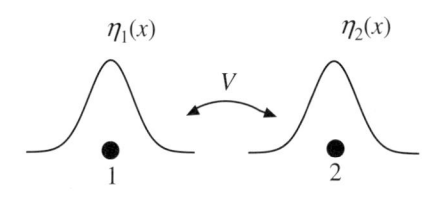

図 2.3

ば，基底間の混じりが生じ，電子はサイトの間を移動することになる．

ファインマン核は，(2.9) 式に基底 $|\eta_i\rangle$ の完備性関係を用いることで

$$K(x,t;x_0,0) = \langle x|e^{-i\mathcal{H}t/\hbar}|x_0\rangle$$

$$= \sum_{i,j,k}\langle x|\eta_i\rangle\langle\eta_i|\phi_k\rangle\langle\phi_k|e^{-i\mathcal{H}t/\hbar}|\phi_k\rangle\langle\phi_k|\eta_j\rangle\langle\eta_j|x_0\rangle$$

と表わされる．ただし $|\phi_k\rangle$ はハミルトニアンの固有状態で，$|\phi_k\rangle$ についての完備性関係も挿入して，基底 $|\phi_k\rangle$ によるハミルトニアン行列は対角系になることを用いてある．

我々が考えているこの 2 準位系について，ファインマン核を行列の積の形で具体的に書き下すと

$$K(x,t;x_0,0) = \begin{pmatrix}\eta_1(x), \eta_2(x)\end{pmatrix}\begin{pmatrix}U\end{pmatrix}\begin{pmatrix}e^{-i\varepsilon_1 t/\hbar} & 0 \\ 0 & e^{-i\varepsilon_2 t/\hbar}\end{pmatrix}\begin{pmatrix}U^\dagger\end{pmatrix}\begin{pmatrix}\eta_1^*(x_0) \\ \eta_2^*(x_0)\end{pmatrix}$$

となる．ただし

$$\varepsilon_{1,2} = \varepsilon \mp V$$

は固有エネルギー，行列 U は規格化された固有ベクトルから成る行列で

$$U = \langle\eta_i|\phi_k\rangle = \frac{1}{\sqrt{2}}\begin{pmatrix}1 & 1 \\ 1 & -1\end{pmatrix}$$

である．これらは前ページの (b) 式から直接求めることができる．

ε_i と U の具体的な表式を用いると

$$\begin{pmatrix}U\end{pmatrix}\begin{pmatrix}e^{-i\varepsilon_1 t/\hbar} & 0 \\ 0 & e^{-i\varepsilon_2 t/\hbar}\end{pmatrix}\begin{pmatrix}U^\dagger\end{pmatrix} = e^{-i\varepsilon t/\hbar}\begin{pmatrix}\cos(Vt/\hbar) & i\sin(Vt/\hbar) \\ i\sin(Vt/\hbar) & \cos(Vt/\hbar)\end{pmatrix} \quad (bb)$$

となることがわかる．

初期時刻に電子はサイト 1 にあったものとしよう．すなわち

2.5 固有関数による展開

$$\psi(x_0) = 1 \times \eta_1(x_0) + 0 \times \eta_2(x_0)$$

である.するとファインマン核を用いて時刻 t での状態を

$$\psi(x) = c_1(t)\eta_1(x) + c_2(t)\eta_2(x)$$

という形に表わすことができる.この式の $c_1(t), c_2(t)$ が,時刻 t に電子がそれぞれのサイトで見つかる確率で,(bb) 式を用いるとこれらは

$$|c_1(t)|^2 = \cos^2(Vt/\hbar)$$

$$|c_2(t)|^2 = \sin^2(Vt/\hbar)$$

であることがわかる.これを時間を横軸に取り図示したのが図 2.4 である.初期時刻に 1 であった状態 1 の振幅は時間とともに次第に減少し,代わって状態 2 の振幅が増加する.さらに時間が経つと状態 1 の振幅が再度大きな値を取る.電子が見つかる確率は 2 つのサイトを $\pi\hbar/V$ の周期で往復運動するのである.

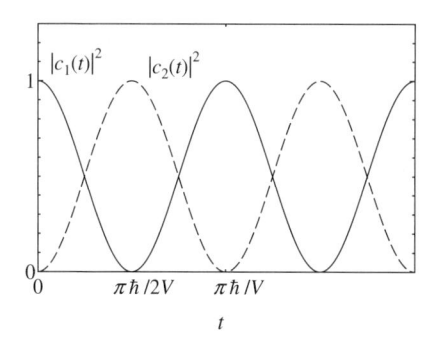

図 2.4

この例題で示した電子の往復運動は,ラビ振動と呼ばれている現象の特殊な場合である.この問題は,サイトエネルギーが異なり,V が正弦波的に時間に依存している場合に拡張できる.そのような,より一般的な場合の表式は,巻末の参考文献 [11] の 5 章や参考文献 [15] の 2 章にある.

2.6 経路積分とシュレーディンガー方程式

これまでの節では,時間に依存するシュレーディンガー方程式の積分形の解に対する積分核としてファインマン核を導入し,経路積分表現を導いた.ここではその逆に,経路積分公式からシュレーディンガー方程式が導出できることを示す[*17].まず,ファインマン核を使って,波動関数の時間発展を

$$\psi(x, t') = \int_{-\infty}^{\infty} K(x, t'; x_0, t) \psi(x_0, t) \, dx_0 \tag{2.51}$$

と表わす.ここでは微小時間の時間発展を考えたいので,時刻 t' は t の直後であるとし,$t' = t + \epsilon$ とする.さらに微小な時間では電子の位置の変化も小さいものと考えて $x_0 = x + \eta$ と置き

$$\psi(x, t+\epsilon) = \int_{-\infty}^{\infty} K(x, t+\epsilon; x+\eta, t) \psi(x+\eta, t) \, dx_0 \tag{2.52}$$

と表わしておく.微小時間間隔の場合,(2.34)式で定義されたファインマン核は

$$K = \frac{1}{A} e^{i\epsilon \mathcal{L}/\hbar}$$

$$= \frac{1}{A} e^{\frac{i}{\hbar}\frac{m\eta^2}{2\epsilon} - \frac{i}{\hbar}\epsilon V(x+\eta/2)} \simeq \frac{e^{\frac{i}{\hbar}\frac{m\eta^2}{2\epsilon}}}{A} \left[1 - \frac{i}{\hbar}\epsilon V(x+\eta/2)\right] \tag{2.53}$$

と近似的に表わすことができる.ただしポテンシャルは x と x_0 の中間点での値を用いてある.ここに現れた係数 A はすぐ後で求める.この式を (2.52) に代入し,ψ を ϵ, η で展開すると

$$\psi(x,t) + \epsilon \frac{\partial \psi}{\partial t} \cdots = \int_{-\infty}^{\infty} d\eta \frac{e^{\frac{i}{\hbar}\frac{m\eta^2}{2\epsilon}}}{A} \left[1 - \frac{i}{\hbar}\epsilon V(x) + \cdots\right] \left[\psi(x,t) + \eta \frac{\partial \psi}{\partial x} + \frac{\eta^2}{2}\frac{\partial^2 \psi}{\partial x^2} \cdots\right] \tag{2.54}$$

を得る.この式の右辺は $e^{\frac{i}{\hbar}\frac{m\eta^2}{2\epsilon}}$ という因子を含んでいる.このため $\frac{1}{\hbar}\frac{m\eta^2}{2\epsilon}$ が 1 より大きい η の領域は,この因子が激しく振動するため,積分にはほとんど寄

[*17] ここでの導き方はファインマン–ヒッブス (参考文献 [1]) の Chapter 4 による.

2.6 経路積分とシュレーディンガー方程式

与しない. このことは, 微小時間 ϵ の間に電子が動けるのは $\sqrt{\dfrac{2\hbar\epsilon}{m}}$ 程度の距離であることを意味しており, 微小量のオーダーとしては $\epsilon \sim \eta^2$ との関係がある. この事実を用いて, (2.54) 式の両辺の, 各オーダーの量を比較する.

まず, この式の両辺から微小量によらない項を取り出すと

$$\psi(x,t) = \int_{-\infty}^{\infty} d\eta \, \frac{e^{\frac{i}{\hbar}\frac{m\eta^2}{2\epsilon}}}{A} \psi(x,t) \tag{2.55}$$

を得るが, もちろんこの両辺は等しくなければならない. これにより, ガウス積分を実行して, 係数 A が

$$A = \sqrt{\frac{2\pi i\hbar\epsilon}{m}} \tag{2.56}$$

であることがわかる. 次に, (2.54) 式から ϵ について 1 次, η については 2 次までの微小な項を取り出し, それらが等しいとすると,

$$\begin{aligned}
\epsilon \frac{\partial \psi}{\partial t} &= \int_{-\infty}^{\infty} d\eta \, \frac{e^{\frac{i}{\hbar}\frac{m\eta^2}{2\epsilon}}}{A} \left[-\frac{i}{\hbar} \epsilon V(x)\psi + \eta \frac{\partial \psi}{\partial x} + \frac{\eta^2}{2} \frac{\partial^2 \psi}{\partial x^2} \right] \\
&= -\frac{i}{\hbar} \epsilon V(x)\psi + \left[\int_{-\infty}^{\infty} d\eta \, \frac{e^{\frac{i}{\hbar}\frac{m\eta^2}{2\epsilon}}}{A} \eta \right] \frac{\partial \psi}{\partial x} \\
&\quad + \left[\int_{-\infty}^{\infty} d\eta \, \frac{e^{\frac{i}{\hbar}\frac{m\eta^2}{2\epsilon}}}{A} \eta^2 \right] \frac{1}{2} \frac{\partial^2 \psi}{\partial x^2}
\end{aligned} \tag{2.57}$$

という関係を得る. ここに (2.56) を代入し, 積分を実行する. 右辺の第 2 項は積分中の η が奇関数であるためゼロになる. 第 3 項の積分はガウス積分から導けて[*18], 最終的にシュレーディンガー方程式

$$i\hbar \frac{\partial}{\partial t} \psi(x,t) = \left[-\frac{\hbar^2}{2m} \frac{\partial^2}{\partial x^2} + V(x) \right] \psi(x,t) \tag{2.58}$$

を得る.

[*18] 章末のノート 2-3 を参照のこと.

このようにして, 微小時間の波動関数の変化を経路積分で記述することにより, 経路積分公式からシュレーディンガー方程式を導くことができる. すなわち古典力学の最小作用の原理とシュレーディンガー方程式が結び付けられるのである.

ここに記したことには, 原理的な面に加えて実際的な重要性がある. 多くの応用で, 外場を含むラグランジアンに対して経路積分公式を適用することが必要になる. しかし, 外場と電子の運動量や座標を結合する際に, その時間 j をどのように扱うかに任意性が現れるが, それを正しく取り扱わなければ間違った結果が導かれることが知られている[*19].

典型的な例として, 磁場中での荷電粒子の運動を記述するラグランジアンは, ベクトルポテンシャル A を含んでおり

$$\mathcal{L} = \frac{m}{2}\dot{x}^2 - V(x) + e\dot{x} \cdot A(x) \tag{2.59}$$

となるのであるが, この最後の項を経路積分表示にするときにベクトルポテンシャルの引き数を

$$\sum_{j=0}^{N-1}(x_{j+1} - x_j) \cdot A(x_j) \tag{2.60}$$

とすべきなのか, あるいは

$$\sum_{j=0}^{N-1}(x_{j+1} - x_j) \cdot A(x_{j+1}) \tag{2.61}$$

であるのか定かではない. 実際, これらの表式からは異なった微分方程式が導かれる.

この様な場合, 経路積分公式が正しいかどうかは微小時間の時間発展が正しいシュレーディンガー方程式を導くかどうかでチェックしなければならないのである.

上の例では, 正しい答を得るためにはベクトルポテンシャルを中点処方とよばれる

[*19] これについては L.S. シュルマンの本 (参考文献 [2]) の 4 章, 5 章に詳しい記述がある.

$$\sum_{j=0}^{N-1}(x_{j+1}-x_j)\cdot A((x_{j+1}-x_j)/2) \tag{2.62}$$

で処理しなければならないことが分かっている.

2.7 虚数時間と統計力学

　本書では,もっぱら一つの電子の運動を扱っていくのだが,経路積分法と統計力学との関連を記述するこの節だけは別である.統計力学では互いに弱く結合した多数の粒子を考える.多数の粒子を含む系が一定の温度 T に保たれているものとしよう.この条件は,この系がそれよりもずっと大きい温度 T の熱浴に接しているものと考えれば満たされる.このような粒子の集合は,正準集合あるいはカノニカル集合と呼ばれている.この系には,エネルギーの大きいものから小さいものまでさまざまな電子が含まれているのだが,統計力学の教えるところによると,電子がエネルギー E_i を持つ確率は

$$p_i = \frac{e^{-\beta E_i}}{Z} \tag{2.63}$$

である.ただし $\beta = 1/k_B T$ である.(k_B はボルツマン定数.),ここではエネルギー準位が離散的であると仮定してある.この式の分子はボルツマン因子と呼ばれるものである.また,分母は確率 p_i が規格化されている,すなわち全ての起こりうる場合についての確率の和が1になるようにするための因子である.従って

$$Z = \sum_i e^{-\beta E_i} \tag{2.64}$$

である. Z は状態和とか分配関数と呼ばれる重要な量であり,温度の関数として Z が分かっていれば,さまざまな統計量を求めることができる.例えば,エネルギーの統計平均は

$$\langle E \rangle = \frac{1}{Z}\sum_i E_i e^{-\beta E_i}$$

$$= -\frac{1}{Z}\frac{\partial Z}{\partial \beta} = -\frac{\partial}{\partial \beta}\ln Z = k_B T^2 \frac{\partial}{\partial T}\ln Z \tag{2.65}$$

と表わされるし，ヘルムホルツの自由エネルギーも

$$F = -k_B T \ln Z \tag{2.66}$$

で与えられる．その他，圧力やエントロピーなどあらゆる統計量が状態和から求められる．

さて，物理量 A の (状態 ϕ_i における) 量子力学的期待値は

$$A_i = \int \phi_i^*(r) A \phi_i(r) d^3 r \tag{2.67}$$

であるので，温度 T の電子の集合における物理量 A の統計平均は

$$\langle A \rangle = \frac{1}{Z} \sum_i A_i e^{-\beta E_i} \tag{2.68}$$

のように表わされる．ここに (2.67) 式を代入すると

$$\langle A \rangle = \frac{1}{Z} \sum_i \int d^3 r \, \phi_i^*(r) A \phi_i(r) e^{-\beta E_i} \tag{2.69}$$

という表式を得る．この表式には，量子力学的期待値と多数の粒子についての統計平均という2種類の確率が含まれている．

これから経路積分法と統計力学の非常に興味深い関係を導くことができる．ファインマン核の表式 (2.48) で，時間を複素数と見なして $t - t_0 = -i\hbar\beta$ と置いてみる．すると

$$\rho(x, x_0) = \sum_i \phi_i(x) \phi_i^*(x_0) e^{-\beta E_i} \tag{2.70}$$

という関数を得る．ただし，これまで用いて来た K ではなく，習慣的な理由から ρ という文字を用いた．この関数は密度行列と呼ばれており，密度行列は状態和と

$$Z = \sum_i e^{-\beta E_i} = \int \rho(x, x) dx \tag{2.71}$$

という関係で結ばれている．密度行列を用いて，先の統計平均は

2.7 虚数時間と統計力学

$$\langle A \rangle = \frac{\text{Tr}[\rho A]}{\text{Tr}[\rho]} \tag{2.72}$$

と書き表わすことができる．ただし $\text{Tr}[\cdots]$ はトレースという操作で，

$$\text{Tr}[\rho \cdots] = \int dx\, \rho(x,x) \cdots \tag{2.73}$$

を意味する．通常，トレースとは行列の対角和を取ることであるが，密度行列では変数 x, x_0 が行列のインデックスであると見なされるのである[20]．

また虚数の時間を用いることで基底エネルギーを求める方法も知られている．(2.48) 式で示したように，ファインマン核は考えている系の固有関数と固有エネルギーを使って表わすことができる．もう一度示しておくと，

$$K(x,t;x_0,0) = \sum_i \phi_i(x)\phi_i^*(x_0) e^{-iE_i t/\hbar} \tag{2.74}$$

である．ただし初期時刻はゼロとした．さらに $x_0 = x$ とおいて，x について積分すると

$$\int dx\, K(x,t;x,0) = \int dx \sum_i \phi_i(x)\phi_i^*(x) e^{-iE_i t/\hbar} = \sum_i e^{-iE_i t/\hbar} \tag{2.75}$$

ここで虚数時間 τ を導入する．$\tau = it/\hbar$ として (2.75) 式に代入し，$\tau \to \infty$ の極限を取ると，右辺の和のうち最低エネルギー E_0 に対応する項が最もゆっくり減衰するため，右辺は $e^{-E_0 \tau}$ に近づき

$$\lim_{\tau \to \infty} \int dx\, K(x,-i\hbar\tau;x,0) \simeq e^{-E_0 \tau} \tag{2.76}$$

すなわち，

$$E_0 = -\lim_{\tau \to \infty} \frac{1}{\tau} \log \int dx\, K(x,-i\hbar\tau;x,0) \tag{2.77}$$

---

[20] ここでの密度行列の定義は，ファインマン–ヒッブス (参考文献 [1]) の定義に従ったものである．そこでも注意されているように，他の多くの文献では

$$1 = \int \rho(x,x)\, dx$$

となるように規格化されたもの (すなわち本書の ρ を Z で割ったもの) を密度行列と呼んでいる．

と，基底準位のエネルギーを求めることができる．式 (2.77) はファインマン–カッツの公式と呼ばれており，以上に示したように虚数時間を導入することをユークリッド化という．

実時間でのファインマン核が時間発展演算子 $e^{-iHt/\hbar}$ の行列要素であったことを思い出すと，虚数時間を導入することはこれをボルツマン因子 e^{-H/k_BT} に置き換えることに相当していることがわかる．ただし $\tau = 1/k_BT$ と虚数時間を絶対温度の逆数と見なしている．ボルツマン因子は熱平衡にある多数の粒子の平均的な振る舞いを記述するものであるから，ユークリッド化を行うと，波動関数の時間発展を記述することから多粒子の統計的性質を扱うことに理論の目的を変更することになる[*21]．

さらに有用な応用として，極限を取らずに虚数時間 $\tau = it/\hbar$ を導入すれば (2.75) 式の右辺は $\sum_i e^{-E_i\tau}$ になり，これから状態和を求めることもできる．

22 ページの例題 2-1 で求めた自由粒子のファインマン核にファインマン–カッツの公式を適用すると，系のサイズを Ω として，(2.50) 式を x で積分すると

$$\int dx\, K(x, -i\hbar\tau; x, 0) = \sqrt{\frac{m}{2\pi\hbar^2\tau}}\Omega \tag{2.78}$$

であるから

$$E_0 = -\lim_{\tau \to \infty} \frac{1}{\tau} \log \sqrt{\frac{m}{2\pi\hbar^2\tau}}\Omega = 0 \tag{2.79}$$

を得る．これは自由粒子 (スペクトルは $E = \dfrac{\hbar^2 k^2}{2m}$) の持つ最低エネルギーはゼロであることを表わしている．これはあまりに簡単すぎる例であるが，実際ユークリッド化の方法とファインマン–カッツの公式は様々な局面に応用されている．たとえばファインマン–ヒッブスの本の 10 章では，調和振動子系の密度行列と状態和が求められている．

以上でわかるように，時間を複素数にしたファインマン核は統計力学におい

[*21] 虚数時間を用いたグリーン関数は，温度グリーン関数 (あるいは松原グリーン関数) と呼ばれており，統計物理において数多く用いられている．

て重要な役割を果たす．統計力学への適用は経路積分法の重要な応用であるが，本書ではこれ以上述べることはしない．統計力学への詳しい応用については巻末の参考文献にあたってほしい．

2.8 運動量空間でのファインマン核

元々ファインマン核は (2.9) 式のように，時間発展演算子の行列要素で定義されるものであった．ここまでの節では，もっぱら位置の基底での行列要素としてファインマン核を考えて来た．これは実際の 3 次元空間内での電子の運動を記述するという目的のためには適したものである．しかし可能な基底は位置基底だけではない．この節では，位置基底と並んで用途の広い，運動量表示のファインマン核を導入する．

実空間での状態の時間発展の式

$$\psi(x,t) = \int_{-\infty}^{\infty} K(x,t;x_0,t_0)\psi(x_0,t_0)dx_0 \tag{2.80}$$

において，初期および終状態の波動関数をフーリエ変換し

$$\psi(x,t) = \int \alpha_k(t) e^{ikx} dk$$

$$\psi(x_0,t_0) = \int \beta_{k_0}(t_0) e^{ik_0 x_0} dk_0 \tag{2.81}$$

と表わし (2.80) 式に代入すると

$$\int dk \alpha_k(t) e^{ikx} = \int_{-\infty}^{\infty} dx_0 K(x,t;x_0 t_0) \int dk_0 \beta_{k_0}(t_0) e^{ik_0 x_0} \tag{2.82}$$

を得る．これに左から $e^{-ik'x}$ を掛けて x で積分すると，平面波の直交性から，左辺は $2\pi \alpha_{k'}(t)$ となる．また右辺に関して

$$K(k',t;k_0,t_0) = \frac{1}{2\pi} \int dx_0 \, dx \, K(x,t;x_0,t_0) e^{-ik'x + ik_0 x_0} \tag{2.83}$$

という量を定義する．これにより状態の時間発展の式は

$$\alpha_k(t) = \int dk_0 \, K(k,t;k_0,t_0) \beta_{k_0}(t_0) \tag{2.84}$$

と書き表される．この式は，波動関数のフーリエ成分の時間発展を記述しており，$K(k,t;k_0,t_0)$ を，運動量空間でのファインマン核と呼ぶ．

実空間でのファインマン核が (2.9) 式のように，位置のブラ，ケットによる時間発展演算子の行列要素であったのに対して，運動量空間でのファインマン核は運動量 (または波数) のブラ，ケットでの行列要素である．両者は

$$K(k,t;k_0,t_0) = \langle k|U(t,t_0)|k_0\rangle$$

$$= \int dx \int dx_0 \, \langle k|x\rangle\langle x|U(t,t_0)|x_0\rangle\langle x_0|k_0\rangle$$

$$= \int dx \int dx_0 \, \langle k|x\rangle K(x,t;x_0,t_0)\langle x_0|k_0\rangle \tag{2.85}$$

と，位置についての完備性関係を挿入することで関連づけられる．この式は (2.83) と同じものである．

運動量空間でのファインマン核は，散乱の問題や固体中の電子の問題など初期状態が運動量の固有関数である場合に多く用いられる．

ノート 2-1 微分方程式と伝播関数

第 1 章で述べた熱核，2 章で導入したファインマン核は伝播関数 (グリーン関数あるいはプロパゲータなどとも呼ばれる) の一種である．ここでは復習を兼ねて，伝播関数についての基本的な事項をまとめておく[22]．

伝播関数は，微分方程式を解くための一つの方法であるが，この方法は，物理的に見通し良く解が構成できる，柔軟性に富み広い範囲に応用が効くという特長を持っている．この方法の基礎となる考え方は次の通りである．多くの物理現象は，なんらかの原因によって系に生じる応答であると見なせる．ここで言う原因とは，たとえば物体に加えられた力であったり，系に付け加えられた

---

[22] 今村勤, 物理とグリーン関数 (岩波書店) が詳しい．

2.8 運動量空間でのファインマン核

電荷分布のようなもので,空間・時間について広がったものであるのが普通である.しかし,この原因を時間・空間について細かな素片に分けて考え,単一の素片により空間の各点に生じる応答を考えてみる.この時,原因と応答を結びつける微分方程式が線形であれば,重ね合わせの原理により細分化された個々の原因による応答を足し合わせることで全応答が得られる.このような考えに基づいて,細分化された原因とそれによる系の応答を結びつける働きをするのが伝播関数である.以下で典型的な例を見てみよう.

ポアソン方程式

まず,量子論とは異なるが,良く知られた電磁気学での問題を例に取り,伝播関数関数の役割を示す.空間に電荷があると,そのまわりに電場または静電ポテンシャルが生じる.静電ポテンシャル $\Phi(r)$ と電荷分布 $\rho(r)$ のあいだにはポアソンの方程式

$$\nabla_r^2 \Phi(r) = \frac{\rho(r)}{\epsilon_0}$$

が成り立っている.与えられた電荷分布のもとでこの微分方程式を解いて $\Phi(r)$ を求めるために,まず次式を満たす関数 $G(r-r')$ を求める.

$$\nabla_r^2 G(r-r') = \delta(r-r')$$

$G(r-r')$ が伝播関数 (グリーン関数) と呼ばれるものである.この問題の場合の伝播関数の具体的な形はフーリエ変換を使って求めることができる.ここでは導出過程は述べないが,その結果は

$$G(r-r') = \frac{1}{4\pi|r-r'|}$$

となる.これはまさに,位置 r' にある点電荷が r につくる静電ポテンシャルになっている.つまり,この式の意味するところは,空間に広がった電荷密度 $\rho(r)$ を各点ごとの微小な電荷に分けて考えると,位置 r' での電荷の素片により位置 r に生じる静電ポテンシャルが $G(r-r')$ である,ということである.

すると全電荷分布 $\rho(r)$ による静電ポテンシャルは,各素片によるポテンシャ

ルを足し合わせて

$$\Phi(\boldsymbol{r}) = \frac{1}{\epsilon_0} \int G(\boldsymbol{r}-\boldsymbol{r}')\rho(\boldsymbol{r}')\,d^3\boldsymbol{r}$$

$$= \frac{1}{4\pi\epsilon_0} \int \frac{\rho(\boldsymbol{r}')}{|\boldsymbol{r}-\boldsymbol{r}'|}\,d^3\boldsymbol{r}$$

と積分の形で求めることができる．これが実際にポアソンの方程式を満たしていることは，両辺に $\boldsymbol{\nabla}_r^2$ を作用させて確かめることができる．

ヘルムホルツ方程式

時間に依存しないシュレーディンガー方程式は $E = \dfrac{\hbar^2 k^2}{2m}, \rho(\boldsymbol{r}) = \dfrac{2mV(\boldsymbol{r})}{\hbar^2}\psi(\boldsymbol{r})$ と書くと

$$(\boldsymbol{\nabla}_r^2 + k^2)\psi(\boldsymbol{r}) = \rho(\boldsymbol{r})$$

となる．これはヘルムホルツ方程式と呼ばれており，伝播関数の満たすべき方程式は，この右辺をデルタ関数で置き換えて

$$(\boldsymbol{\nabla}_r^2 + k^2)G(\boldsymbol{r}-\boldsymbol{r}') = \delta(\boldsymbol{r}-\boldsymbol{r}')$$

である．$G(\boldsymbol{r}-\boldsymbol{r}')$ は空間の次元に応じて

$$G(\boldsymbol{r}-\boldsymbol{r}') = \begin{cases} -\dfrac{i}{2k} e^{\pm ik|\boldsymbol{r}-\boldsymbol{r}'|} & (\text{1 次元}) \\[2pt] \mp\dfrac{i}{4} H_0^{(\tau)}(k|\boldsymbol{r}-\boldsymbol{r}'|) & (\text{2 次元}) \\[2pt] -\dfrac{1}{4\pi|\boldsymbol{r}-\boldsymbol{r}'|} e^{\pm ik|\boldsymbol{r}-\boldsymbol{r}'|} & (\text{3 次元}) \end{cases}$$

と求めることができる[*23]．ヘルムホルツ方程式は散乱問題に現れる．散乱問題を扱う 7 章で，3 次元での関数 $G(\boldsymbol{r}-\boldsymbol{r}')$ の導出を行う．

[*23] $H_0^{(\tau)}$ はハンケル関数で，複号に応じて $\tau = 1$ または 2 を取る．

2.8 運動量空間でのファインマン核

時間に依存するシュレーディンガー方程式

次に, 時間に依存するシュレーディンガー方程式

$$\left(i\hbar\frac{\partial}{\partial t} - \mathcal{H}\right)\psi(r, t) = 0$$

を考えてみよう.

この方程式に対する伝播関数を

$$\left(i\hbar\frac{\partial}{\partial t} - \mathcal{H}\right) K(r, t; r_0, t_0) = -\hbar\delta(r - r_0)\delta(t - t_0)$$

という方程式を満たすものとして導入する. (この式は (2.16) 式と同一である.) 右辺のデルタ関数は, 初期時刻に電子が点 r_0 を占めていたという初期条件になっている. この式の $K(r, t; r_0, t_0)$ が伝播関数で, 本書でファインマン核と呼んできたものと基本的に同じものである.

伝播関数 (ファインマン核) と初期時刻での波動関数 $\psi(r_0, t_0)$ を用いて, 時間に依存するシュレーディンガー方程式の解が

$$\psi(r, t) = \int K(r, t; r_0, t_0)\psi(r_0, t_0) d^3r$$

と書けることは本文で述べた通りある.

ノート 2-2 公式 (2.18) の証明

演算子 $\hat{a}, \hat{b}$ に対して

$$e^{\hat{a}} e^{\hat{b}} = e^{\hat{a}+\hat{b}+[\hat{a},\hat{b}]/2}$$

が成り立つ. $[\hat{a}, \hat{b}]$ は交換子で, ここでは $[\hat{a}, \hat{b}]$ が c-数である場合のみを扱う.

証明

まず

$$f(\xi) = e^{\xi\hat{a}} e^{\xi\hat{b}}$$

とする. $e^{\hat{a}} \hat{b} e^{-\hat{a}} = \hat{b} + [\hat{a}, \hat{b}]$ (これは左辺の指数関数を展開すると得られる) に注

意して, $f(\xi)$ の両辺を ξ で微分して,

$$\frac{df}{d\xi} = (\hat{a} + e^{\xi\hat{a}}\hat{b}e^{-\xi\hat{a}})f(\xi) = (\hat{a} + \hat{b} + [\hat{a},\hat{b}]\xi)f(\xi)$$

を得る. $f(0) = 1$ に注意してこの両辺を積分すると

$$f(\xi) = e^{(\hat{a}+\hat{b})\xi + [\hat{a},\hat{b}]\xi^2/2}$$

となり, この式で $\xi = 1$ とすると表記の公式を得る.

ノート 2-3　ガウス積分

実数変数のガウス積分は

$$I = \int_{-\infty}^{\infty} e^{-x^2} dx$$

を 2 乗し,

$$I^2 = \int_{-\infty}^{\infty} e^{-x^2} dx \int_{-\infty}^{\infty} e^{-y^2} dy$$

$$= \int_0^{2\pi} d\theta \int_0^{\infty} r e^{-r^2} dr = 2\pi \left[-\frac{e^{-r^2}}{2} \right]_0^{\infty} = \pi$$

より,

$$\int_{-\infty}^{\infty} e^{-x^2} dx = \sqrt{\pi}$$

と求めることができる.

ガウス積分を複素変数に解析接続したものはフレネル積分と呼ばれている. これを求めるには, 図 2.5 に示す複素経路で関数 e^{iz^2} を積分する. この関数は全複素平面上で正則であるから閉じた経路に沿っての積分はゼロである. 経路 C に沿っての積分を部分ごとに分けて,

$$\oint_C e^{iz^2} dz = \int_0^R e^{ix^2} dx + \int_0^{\pi/4} e^{iz^2} \frac{dz}{d\theta} d\theta + \int_R^0 e^{iz^2} \frac{dz}{dr} dr = 0$$

と書く.

2.8 運動量空間でのファインマン核

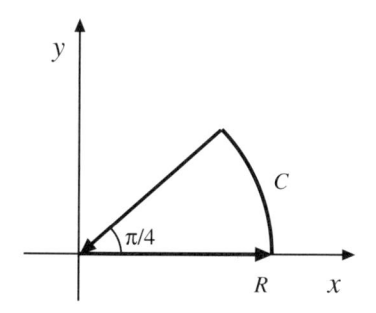

図 2.5 積分の経路.

$R \to \infty$ の極限では, 第 1 項は

$$\int_0^R e^{ix^2} dx \to \int_0^\infty e^{ix^2} dx$$

第 3 項は

$$\int_R^0 e^{iz^2} \frac{dz}{dr} dr \to -e^{i\pi/4} \int_0^\infty e^{-r^2} dr = -e^{i\pi/4} \frac{\sqrt{\pi}}{2} = -\frac{\sqrt{\pi}i}{2}$$

となる. また第 2 項の絶対値に対して

$$|I_2| \equiv \left| \int_0^{\pi/4} e^{iz^2} \frac{dz}{d\theta} d\theta \right| = R \left| \int_0^{\pi/4} e^{iR^2(\cos 2\theta + i\sin 2\theta)} e^{i\theta} d\theta \right| \leq R \int_0^{\pi/4} e^{-R^2 \sin 2\theta} d\theta$$

が成り立つが, この式の積分範囲 $0 \leq \theta \leq \pi/4$ では, $\sin 2\theta \geq \dfrac{4}{\pi}\theta$ であるので

$$|I_2| \leq R \int_0^{\pi/4} e^{-4R^2\theta/\pi} = \frac{\pi}{4R} \left(1 - e^{-R^2}\right)$$

が成り立ち, 従って $R \to \infty$ では $I_2 = 0$ となる.

以上より

$$\int_0^\infty e^{ix^2} dx = \frac{\sqrt{\pi}i}{2}$$

を得る.

さらに, これを部分積分して

$$\int_0^\infty e^{ix^2} dx = \lim_{\eta \to +0} \left[x e^{i(1+i\eta)x^2} \right]_0^\infty - 2i \int_0^\infty x^2 e^{ix^2} dx$$

$$= -2i \int_0^\infty x^2 e^{ix^2} dx$$

より，

$$\int_0^\infty x^2 e^{ix^2} dx = \frac{i}{2} \frac{\sqrt{\pi i}}{2}$$

を得る．

第3章
WKB近似

　経路積分とは exp(作用 × $i/\hbar$) を全ての経路について足し合わせることである．そのとき，作用が最小となる経路すなわち古典経路が最も重要な働きをする．従って荒っぽい見方をすれば，ファインマン核を $K \sim$ exp(古典作用 × $i/\hbar$) と書くことができ，さらには波動関数も $\psi \sim$ exp(古典作用 × $i/\hbar$) と見なすことができるかもしれない．このような視点からの近似法が WKB 近似である．

　半古典近似という別名で呼ばれることがあるように，この近似は粒子のエネルギーが大きいとき，すなわち波長が短く量子効果が弱いときに有効であるとされている．言い換えれば，電子波の波長が短く，波長の範囲内でポテンシャルが一定と見なせるような時に，WKB 近似は良い近似となる．

3.1　WKB近似

　ファインマン核の表式 (2.32) は多重積分で表わされている．経路積分法を実際の問題に適用しようとするとファインマン核を具体的に計算しなければならないのだが，この N 重の積分を実行するのは容易なことではない．2 章の例題 2-1 で自由粒子の場合に積分を行いファインマン核を具体的に求めた．ポテンシャルが 2 次の項までの関数であれば積分は可能である．しかし一般のポテンシャルについては，積分を実行することはまず不可能であり，なんらか

の近似を導入することが必要になる．多くの場合において，WKB 近似[*1] と呼ばれる方法が役に立つ．

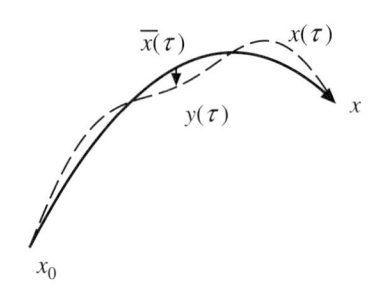

図 3.1　古典経路 $\bar{x}(\tau)$ とそこからのずれ $y(\tau)$ を模式的に表わす．

前章で述べたように，確率振幅への主要な寄与は作用を最小とする経路，すなわち古典軌道から来るものである．したがって，図 3.1 に示すように電子の経路を古典軌道と微小量であるそこからのずれに分けて取り扱うと都合がよい．この考えに従って，ファインマン核の表式 (2.32) において各時刻での位置 x_j を $x_j = y_j + \bar{x}_j$ と書く．ただし $\bar{x}_j$ は古典的な経路で，オイラー–ラグランジュの方程式から決まるものである．変数のこの書き換えにより作用積分は

$$S(x) = S_{cl}(\bar{x}) + \delta^2 S(y)$$

$$= S_{cl}(\bar{x}) + \epsilon \sum_{j=0}^{N-1} \left[\frac{m}{2} \left(\frac{y_{j+1} - y_j}{\epsilon} \right)^2 - \frac{1}{2} V''(\bar{x}_j) y_j^2 \right] \quad (3.1)$$

と書ける．ここで $S_{cl}(\bar{x})$ は古典経路に沿った作用積分である．ただしポテンシャル $V(x)$ については 2 次までのテイラー展開を行い，古典軌道 (停留点) での作用の 1 次の変分はゼロとなることを用いてある．これを用いると (2.32) 式は，

[*1] Wentzel, Kramers, Brillouin の頭文字から来ている．

3.1 WKB 近似

$$K(x,t;x_0,t_0) = e^{iS_{cl}(x,t;x_0,t_0)/\hbar}$$
$$\times \lim_{N\to\infty}\left(\frac{m}{2\pi i\hbar\epsilon}\right)^{N/2}\int dy_1\cdots dy_{N-1}\, e^{(i/\hbar)\epsilon\sum_{j=0}^{N-1}\{(m/2)[(y_{j+1}-y_j)/\epsilon]^2-V''(\bar{x}_j)y_j^2/2\}}$$
(3.2)

と各時刻での古典経路からのずれ y_j についての多重積分で表わすことができる. ただし, 図3.1 に示すように始点と終点は固定されているので, そこでの変化分はゼロすなわち $y_0 = y_N = 0$ である.

(3.2) 式の初めの因子 $e^{(i/\hbar)S_{cl}(x,t;x_0,t_0)}$ が古典軌道からの寄与で, 残りの部分が量子力学的な, 古典軌道からのゆらぎを表わしている.

3.1.1 多重積分の実行

次に, (3.2) 式の y_j での多重積分を行う. (3.2) 式の指数関数の中身を見通しよく表わすためにベクトル表記を導入し

$$\boldsymbol{y} = \begin{pmatrix} y_1 \\ y_2 \\ \vdots \\ y_{N-2} \\ y_{N-1} \end{pmatrix} \tag{3.3}$$

$$\sigma_{N-1} = \frac{m}{2\hbar\epsilon}\begin{pmatrix} 2-\frac{V_1''}{m}\epsilon^2 & -1 & & & 0 \\ -1 & 2-\frac{V_2''}{m}\epsilon^2 & -1 & & \\ & & \ddots & & \\ & & -1 & 2-\frac{V_{N-2}''}{m}\epsilon^2 & -1 \\ 0 & & & -1 & 2-\frac{V_{N-1}''}{m}\epsilon^2 \end{pmatrix} \tag{3.4}$$

とする. ただし $V''(\bar{x}_j)$ を V''_j と書いた. これにより (3.2) 式の指数関数の中の関数は

$$\frac{i\epsilon}{\hbar}\sum_{j=0}^{N-1}\left[\frac{m}{2}\left(\frac{y_{j+1}-y_j}{\epsilon}\right)^2 - \frac{1}{2}V''_j y_j^2\right] = i\,\boldsymbol{y}^t \sigma_{N-1}\boldsymbol{y} \tag{3.5}$$

と書ける.

ここで行列 σ_{N-1} を対角化するユニタリー変換の行列を U とし, $\boldsymbol{y}^t\sigma_{N-1}\boldsymbol{y}$ に単位行列 $UU^\dagger$ を挿入する. さらに,

$$\boldsymbol{y} = U\boldsymbol{\varphi} \quad (\boldsymbol{\varphi} = U^\dagger \boldsymbol{y}) \tag{3.6}$$

と $\boldsymbol{y}$ から $\boldsymbol{\varphi}$ への積分変数の変換[*2] を行うと, $U\sigma_{N-1}U^\dagger$ が対角行列 (対角成分を Ω_n とする) であるため, (3.2) 式の y_j での積分は $\boldsymbol{\varphi}$ の個々の成分についてのガウス積分に分解でき,

$$\lim_{N\to\infty}\left(\frac{m}{2\pi i\hbar\epsilon}\right)^{N/2}\int dy_1\cdots dy_{N-1}\,e^{(i/\hbar)\epsilon\sum_{j=0}^{N-1}\{(m/2)[(y_{j+1}-y_j)/\epsilon]^2 - V''(\bar{x}_j)y_j^2/2\}}$$

$$= \lim_{N\to\infty}\left(\frac{m}{2\pi i\hbar\epsilon}\right)^{N/2}\int dy_1\cdots dy_{N-1}\,e^{i\boldsymbol{y}^t UU^\dagger \sigma_{N-1}UU^\dagger \boldsymbol{y}}$$

$$= \lim_{N\to\infty}\left(\frac{m}{2\pi i\hbar\epsilon}\right)^{N/2}\int d\varphi_1\cdots d\varphi_{N-1}\,e^{i\boldsymbol{\varphi}^t[U^\dagger\sigma_{N-1}U]\boldsymbol{\varphi}}$$

$$= \lim_{N\to\infty}\left(\frac{m}{2\pi i\hbar\epsilon}\right)^{N/2}\frac{(i\pi)^{(N-1)/2}}{(\det \sigma_{N-1})^{1/2}}$$

$$= \lim_{N\to\infty}\left(\frac{m}{2\pi i\hbar\epsilon}\frac{1}{\det \bar{\sigma}_{N-1}}\right)^{1/2} \tag{3.7}$$

という結果を得る. (ガウス積分については前章末のノート 2-3 を参照のこと.) 最後の表式を得るには

$$\bar{\sigma}_{N-1} = \frac{2\hbar\epsilon}{m}\sigma_{N-1} \tag{3.8}$$

[*2] 変換はユニタリーなので変数変換に伴うヤコビアンは 1 である.

3.1 WKB近似

とし,$\det[U^\dagger \sigma_{N-1} U] = \det \sigma_{N-1}$ が成り立つことを用いた. また行列式は全固有値の積, すなわち $\det \sigma_{N-1} = \prod_{n=1}^{N-1} \Omega_n$ である.

$\det \bar{\sigma}_{N-1}$ を求めるには, 漸化式

$$\det \bar{\sigma}_{j+1} = \left(2 - \frac{V_j'' \epsilon^2}{m}\right) \det \bar{\sigma}_j - \det \bar{\sigma}_{j-1} \tag{3.9}$$

が成り立つことを用いる. これは (3.4) 式を最後の行で展開すると得られる. この式を書き換えると

$$\frac{(\det \bar{\sigma}_{j+1} - \det \bar{\sigma}_j) - (\det \bar{\sigma}_j - \det \bar{\sigma}_{j-1})}{\epsilon^2} = -\frac{V_j''}{m} \det \bar{\sigma}_j \tag{3.10}$$

となるので, 時間間隔を連続にした極限で, 時間を τ で表わして

$$f(\tau) = \lim_{N \to \infty} \epsilon \det \bar{\sigma}_N \tag{3.11}$$

という関数を定義すると, (3.10) 式は $f(\tau)$ に対する微分方程式

$$\frac{d^2 f(\tau)}{d\tau^2} = -\frac{V''(x_{cl}(\tau))}{m} f(\tau) \tag{3.12}$$

になる. 微分方程式 (3.12) を, 境界条件

$$f(0) = 0 \tag{3.13}$$

$$\left.\frac{\partial f(\tau)}{\partial \tau}\right|_{\tau=0} = 1 \tag{3.14}$$

のもとで解くと, 得られた解 $f(\tau)$ と (3.11) を用いて, (3.7) 式は

$$\lim_{N \to \infty} \left(\frac{m}{2\pi i \hbar \epsilon} \frac{1}{\det \bar{\sigma}_{N-1}}\right)^{1/2} = \left[\frac{m}{2\pi i \hbar} \frac{1}{f(t - t_0)}\right]^{1/2} \tag{3.15}$$

と書ける.

なお古典経路が特異点を持つときには, 行列 σ_N の固有値に負の値を持つものが現れる. この場合にもここで示した議論は成り立つが, 負の固有値の数だけ $\det \sigma$ に -1 がかかるので, それに応じて (3.15) 式には $(-1)^{-1/2} = e^{-i\pi/2}$ という因子が付くことになる.

以上により, WKB 近似でのファインマン核の表式は

$$K(x,t;x_0,t_0) = \sqrt{\frac{m}{2\pi i\hbar f(t-t_0)}}\, e^{iS_{cl}(x,t;x_0,t_0)/\hbar - in\pi/2} \tag{3.16}$$

となる. ここで n は古典経路に沿った運動に現れる特異点の数である.

このように, 古典経路のまわりでポテンシャルを 2 次の項まで展開しファインマン核を近似的に計算する方法を WKB 近似という. 上の導き方から分かるように, ポテンシャルが 2 次の項までしか含んでいなければ, WKB 近似は厳密なファインマン核を与える.

簡単な例で $f(\tau)$ を計算してみよう. まず, 前節から何度も扱っている自由粒子について見てみよう. このときは $V'' = 0$ なので, (3.12)–(3.14) 式を満たすのは

$$f(\tau) = \tau \tag{3.17}$$

であることはただちに分かる. 従って, $f(t-t_0) = t - t_0$ を (3.16) 式に用いると前章の例題 2-1 で求めた自由粒子のファインマン核になることもわかる.

また, 調和ポテンシャル $V(x) = \dfrac{m\omega^2}{2}x^2$ では

$$f(\tau) = \frac{\sin\omega\tau}{\omega} \tag{3.18}$$

であることは簡単な計算で示すことができる. (調和振動子のファインマン核については後の例題も参照のこと.)

3.2 節で示すように, 関数 $f(\tau)$ は古典軌道の周囲に分布する軌道の密度の逆数という意味を持っている. もし古典軌道からずれた軌道による作用が S_{cl} とあまり違わなかったら, $x_{cl}(\tau)$ の回りの広い範囲の軌道がファインマン核に寄与する. この場合軌道の密度は小さく, $f(\tau)$ は大きい値を取る. 逆に, $x_{cl}(\tau)$ から軌道が少しずれても作用が大きくなるのなら, $f(\tau)$ は小さく (軌道の密度は高く), 古典軌道の周囲の軌道からのファインマン核への寄与は小さい.

3.1.2 古典軌道の安定性と基準モード

(3.5) 式で表わされる量 $\delta^2 S$ は,作用の 2 次の変分であり,前節で示したように古典軌道のまわりでの量子ゆらぎはこの量に由来するものである.

古典力学の観点からは,この量は軌道の安定性と関連している. 2.3 節で述べたように,作用が極値を取る,すなわち作用の 1 次の変分がゼロになるという条件から得られるオイラー–ラグランジュの方程式により古典経路が求められる. しかし,これが本当に作用を最小 (少なくとも極小) にするものであるためには 2 次の変分が正であることが必要である.

このことを示すために (3.7) 式で行った変形をくり返してみる.

$$\frac{i}{\hbar}\delta^2 S(y) = \frac{i}{\hbar}\frac{1}{2}\int_{t_0}^t \left[\frac{\partial^2 \mathcal{L}}{\partial x^2}y^2 + 2\frac{\partial^2 \mathcal{L}}{\partial \dot{x}\partial x}\dot{y}y + \frac{\partial^2 \mathcal{L}}{\partial \dot{x}^2}\dot{y}^2\right]d\tau$$

$$= \frac{i\epsilon}{\hbar}\sum_{j=0}^{N-1}\left[\frac{m}{2}\left(\frac{y_{j+1}-y_j}{\epsilon}\right)^2 - \frac{1}{2}V_j''y_j^2\right]$$

$$= i(y_1, y_2, \cdots)\begin{pmatrix} & & \\ & \sigma_{N-1} & \\ & & \end{pmatrix}\begin{pmatrix} y_1 \\ y_2 \\ \vdots \end{pmatrix}$$

$$= i(\varphi_1, \varphi_2, \cdots)\begin{pmatrix} \Omega_1 & & \\ & \Omega_2 & \\ & & \ddots \end{pmatrix}\begin{pmatrix} \varphi_1 \\ \varphi_2 \\ \vdots \end{pmatrix}$$

$$= i\sum_n \Omega_n \varphi_n^2 \tag{3.19}$$

これより, $\delta^2 S(y)$ が正の値を取るためには,全ての固有値 Ω_n が正である必要があることがわかる.

これはまた, $\delta^2 S(y)$ の最小値を求める,という新たな変分問題として見る

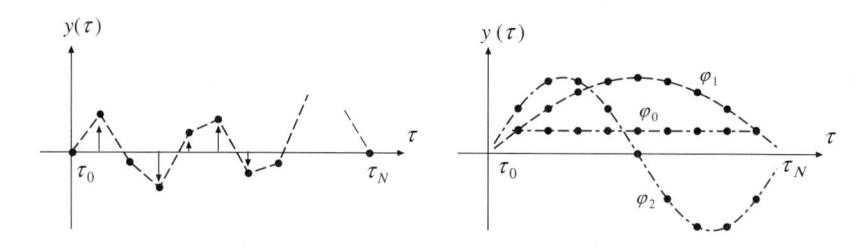

図 3.2　個別の y_j の変位 (左) と基準モード φ_n(右).

こともできる. 変分問題といっても, たとえば $y(\tau)$ が恒等的にゼロであれば $\delta^2 S(y)$ は小さい値 (ゼロ) を取るが, このような変位は当然除外しなければならないので, $\int_{t_0}^{t} y(\tau)^2 d\tau = 1$ という条件を付ける必要がある. その上で $\delta^2 S(y)$ の変分を取って得られる微分方程式

$$\left(-\frac{m}{2}\frac{d^2}{d\tau^2} + \frac{m}{2}V''\right)y(\tau) = \Omega y(\tau) \tag{3.20}$$

の固有値 Ω が全て正であれば軌道は安定である. (ここで, Ω は条件付き変分問題におけるラグランジュの未定定数として導入した.)

この方程式 (3.20) の規格化された解を以下では $U_n(\tau)$ と表わすことにしよう. (n は各固有状態を区別するための指標である.) 容易に分かるように, これは (3.7) 式で用いた行列 U と同じものである. $U_n(\tau_j)$ を成す列ベクトルは完全系を成しているので, これを用いて一般の変位 $y(\tau)$ を

$$y(\tau_j) = \sum_n U_n(\tau_j)\varphi_n \tag{3.21}$$

と展開することができる. この式の展開係数 φ_n は, 前節で多重積分を実行してファインマン核を求める時に導入した変数 φ と同じものである. これは, 各時間での古典軌道からの変位 y_j それぞれを独立に扱うのではなく, 上の微分方程式の解で表わされる変位を重ね合わせて一般の変位を記述しようとの考えに基づくものであり, 基準モード (あるいは集団座標) の方法と呼ばれてい

3.1 WKB 近似

る[*3].

調和振動子や自由粒子などの場合には V_j'' は定数なので変数変換 (3.6) (もしくは (3.20) 式の固有関数 $U_n(\tau_j)$) は, 具体的には

$$y(\tau_j) = \sum_{n=1}^{N-1} \left[\sqrt{\frac{2}{N}} \sin\left(\frac{n\pi\tau_j}{T}\right) \right] \varphi_n \tag{3.22}$$

とフーリエ変換の形で書ける. (ただし $T = t - t_0$ とした.) この式の $[\cdots\cdots]$ の部分が $U_n(\tau_j)$ である. これがユニタリーであることは, 行列の各行をベクトルと見たとき, それらの長さは 1 で, かつ互いに直交していることから分かる.

簡単のため $N = 4$ として, $V(x) = 0$ (自由電子) の場合の計算を行ってみる. この場合, $\bar{\sigma}_{N-1}$ は

$$\bar{\sigma}_3 = \begin{pmatrix} 2 & -1 & 0 \\ -1 & 2 & -1 \\ 0 & -1 & 2 \end{pmatrix} \tag{3.23}$$

で, 変換行列は (3.22) から

$$U = U_{jn} = \begin{pmatrix} 1/2 & \sqrt{2}/2 & 1/2 \\ \sqrt{2}/2 & 0 & -\sqrt{2}/2 \\ 1/2 & -\sqrt{2}/2 & 1/2 \end{pmatrix} \tag{3.24}$$

であることがわかる. 各基準モード $n = 1 \sim 3$ に対する変位 $y(\tau_j)$ を図 3.3 に示しておく. これらは行列 U の各列をプロットしたものである. あるいは, たとえば φ_1 モードの変位は, (3.22) 式で $\varphi_1 = 1, \varphi_2 = \varphi_3 = 0$ と置くことでも得られる.

行列 $\bar{\sigma}_3$ の固有値は, 直接計算して

[*3] 固体物理を勉強した人なら, 格子振動のモードのようなものと考えればよいだろう.

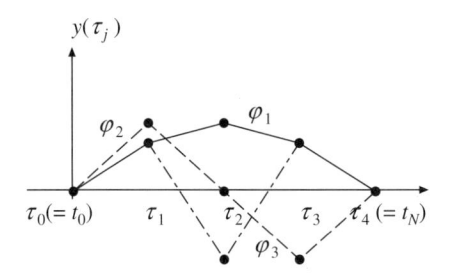

図 3.3　$N=4$ の場合の基準モード $\varphi_1 \sim \varphi_3$.

$$U^\dagger \bar{\sigma}_3 U = \begin{pmatrix} 2-\sqrt{2} & 0 & 0 \\ 0 & 2 & 0 \\ 0 & 0 & 2+\sqrt{2} \end{pmatrix} \tag{3.25}$$

と求められる. これらを使って (3.7) 式を

$$\left(\frac{m}{2\pi i\hbar\epsilon}\right)^2 \int dy_1 dy_2 dy_3 \exp\left[\frac{i}{\hbar}\frac{m}{2\epsilon}(y_1,y_2,y_3)\begin{pmatrix} & \bar{\sigma}_3 & \end{pmatrix}\begin{pmatrix} y_1 \\ y_2 \\ y_3 \end{pmatrix}\right]$$

$$= \left(\frac{m}{2\pi i\hbar\epsilon}\right)^2 \int d\varphi_1 e^{\frac{i}{\hbar}\frac{m}{2\epsilon}(2-\sqrt{2})\varphi_1^2} \times \int d\varphi_2 \cdots$$

$$= \left(\frac{m}{2\pi i\hbar\epsilon}\right)^2 \left[\frac{2\pi i\hbar\epsilon}{(2-\sqrt{2})m}\right]^{1/2} \left(\frac{2\pi i\hbar\epsilon}{2m}\right)^{1/2} \left[\frac{2\pi i\hbar\epsilon}{(2+\sqrt{2})m}\right]^{1/2}$$

$$= \left[\frac{m}{2\pi i\hbar(t-t_0)}\right]^{1/2} \tag{3.26}$$

と計算することができる. 最後の変形には $\epsilon=(t-t_0)/4$ を用いてある. これが前章の例題 2-1 で求めた自由電子のファインマン核に対する因子を与えることは直ちに分かる.

3.1.3 ゼロ・モードと並進対称性

ファインマン核の前因子の分母に現れる行列式 $\det \sigma$ は固有値 Ω の積なので,ファインマン核には最も小さい固有値を持つ基準モードが最も強く働くことになる.複雑な形をした軌道変化よりも,図 3.2 の φ_0 や φ_1 のようなものが重要であることが直観的にも理解できるであろう.特に φ_0 に対する固有値はゼロである.この理由により φ_0 はゼロ・モードと呼ばれている.

図 3.1 のように両端の変位 y_0 と y_N が固定されている場合には,これは問題にはならない.つまり真にゼロ固有値のモードは現れない.しかし,考えている対象が時間についての並進対称性を持っている場合や,運動が周期的な場合には,時間的あるいは空間的に元の軌道を平行移動させたような軌道も考える必要がある.図 3.4 には,$t-t_0$ だけが固定されていて,運動開始の時刻は特に決まっていないような軌道の例を図示した.この場合破線のような平行移動した軌道も考えなければならない.この平行移動がまさに φ_0 すなわちゼロ・モードである.

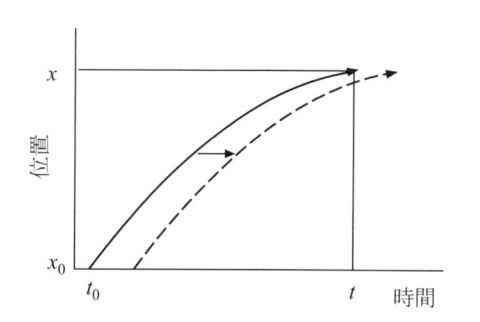

図 3.4 時間あるいは空間的に平行移動した軌道も考えなければならないときにはゼロ・モードの問題が生じる.

ゼロ固有値が現れると $\det \sigma$ がゼロになり,(3.16) 式をそのまま用いるとファインマン核が発散してしまい具合が悪い.これはゼロ・モードの問題と呼ばれるもので,このような場合にはゼロ・モードについての積分を別に扱わなければならない.

3.2 ヴァン ヴレック 行列式

3.1 節で, WKB 近似でのファインマン核の表式に現れた関数 $f(t-t_0)$ が軌道の密度に関連した量であると書いた. このことについてもう少し調べてみる.

古典力学における最小作用の原理の意味するところは, 運動の始点と終点を固定して作用積分を求めると, 様々な経路のうち作用が最小となるような経路が実際の運動経路に対応する, ということである.

しかしここでは少し見方を変え, 始点だけが固定されていると考えてみよう. すると作用は終点位置の関数になる. 同じ開始時刻に少しずつ違った速度で始点を出発する一群の少しずつ異なった経路を考えると, それぞれの経路を通った粒子は少しずつ異なった終点に達する. この様子は図 3.5 に模式的に示されている[*4].

始点での運動量の変化 $\varDelta p_0$ に対する終点位置の変化を $\varDelta x$ とすると, $\dfrac{\partial x}{\partial p_0}$ という量が, 軌道がどれだけ密集しているかということに関係しているかが図 3.5 から見えるだろう. そこで $\dfrac{\varDelta p_0}{\varDelta x}$ を軌道の密度と見なすことにする.

軌道の密度を作用積分を用いて表わすために, いくつかの関係式を導く. まず, 先に述べたように, 終点位置は固定されていない状況で作用の変分を考える. この場合, 軌道の違いに対応した作用の変化分は, (2.37) 式を導いたのと同様に

$$\begin{aligned}
\delta S_{cl} &= \int_{t_0}^{t} \left(\frac{\partial \mathcal{L}}{\partial x} \delta x + \frac{\partial \mathcal{L}}{\partial \dot{x}} \delta \dot{x} \right) dt \\
&= \left. \frac{\partial \mathcal{L}}{\partial \dot{x}} \delta x \right|_{t_0}^{t} + \int_{t_0}^{t} \left[\frac{\partial \mathcal{L}}{\partial x} - \frac{d}{dt}\left(\frac{\partial \mathcal{L}}{\partial \dot{x}}\right) \right] \delta x \, dt \\
&= \left. \frac{\partial \mathcal{L}}{\partial \dot{x}} \delta x \right|_{t}
\end{aligned} \tag{3.27}$$

である. 2 行目の表式は初めの表式で第 2 項を部分積分すると得られる. この式の第 2 項は, 実際に起こる運動がオイラー–ラグランジュの方程式を満たす

[*4] 表式は 1 次元であるが便宜上 2 次元のように図示してある.

3.2 ヴァン ヴレック 行列式

ためゼロとなる．また 2 行目の第 1 項で，下限での経路の変化分は固定されているので $\delta x(t_0) = 0$ であることも用いてある．従って $p = \dfrac{\partial \mathcal{L}}{\partial \dot{x}}$ であることを用いると

$$\delta S_{cl} = p\, \delta x \tag{3.28}$$

すなわち

$$\frac{\partial S_{cl}}{\partial x} = p(x) = m\dot{x}(t) \tag{3.29}$$

という表式を得る．したがって，運動の終点位置 x に関する作用の偏微分が，終点での運動量 $p(x)$ を与える．

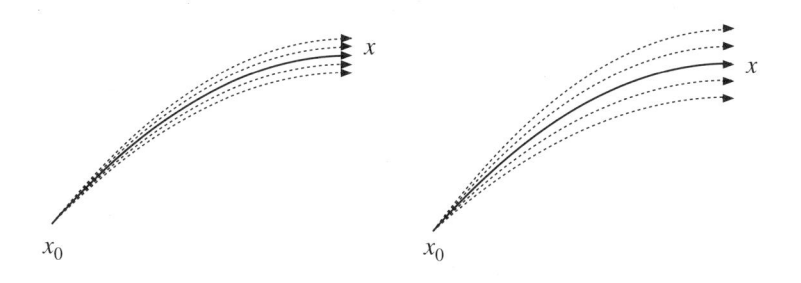

図 3.5　x_0 から x へと向かう古典経路の周りには，始点での運動量 p_0 が異なる経路が多数存在する．これらは異なる終点へと到着する．左の図が $\dfrac{\partial x}{\partial p_0} = -\left(\dfrac{\partial^2 S_{cl}}{\partial x \partial x_0}\right)^{-1}$ が小さい場合で，右が大きい場合．

同様に，わずかずつ異なった運動量でわずかずつ異なった始点を出発し，同一の終点へと達するような一群の経路を考えることで，始点での運動量が

$$\frac{\partial S_{cl}}{\partial x_0} = -p(x_0) = -m\dot{x}(t_0) \tag{3.30}$$

となることが導かれる．さらに時刻に関しても同様の考察を行い，少しずつ異なるエネルギーを持ち少しずつ異なる時刻に終点に達する一群の経路を考えることで，エネルギーが作用積分の時間に関する微分で

58   第 3 章 WKB 近似

$$\frac{\partial S_{cl}}{\partial t} = -E \tag{3.31}$$

と書けることもわかる*5.

これらの関係式を使い変形を行うと, 作用積分を始点と終点で微分した量は

$$\frac{\partial^2 S_{cl}}{\partial x_0 \partial x} = \frac{\partial p(x)}{\partial x_0} = \frac{\partial p(x)}{\partial E}\frac{\partial E}{\partial x_0}$$

$$= -\frac{1}{\dot{x}_{cl}(t)}\frac{\partial^2 S_{cl}}{\partial t \partial x_0} = \frac{1}{\dot{x}_{cl}(t)}\frac{\partial p(x_0)}{\partial E}\frac{\partial E}{\partial t}$$

$$= \frac{1}{\dot{x}_{cl}(t)\dot{x}_{cl}(t_0)}\frac{\partial E}{\partial t} \tag{3.32}$$

と表される.

さらに, 古典運動における関係式

$$t - t_0 = \int_{x_0}^{x} \frac{m}{p(x')}dx' \tag{3.33}$$

の両辺をエネルギーで微分し, $\frac{\partial p}{\partial E} = \frac{\partial t}{\partial x}$ を用いて得られる関係式

$$\frac{\partial t}{\partial E} = -\frac{1}{m}\int_{t_0}^{t}\frac{dt'}{[\dot{x}_{cl}(t')]^2} \tag{3.34}$$

を用いると

$$-\left(\frac{\partial^2 S_{cl}}{\partial x_0 \partial x}\right)^{-1} = \frac{\dot{x}_{cl}(t)\dot{x}_{cl}(t_0)}{m}\int_{t_0}^{t}\frac{dt'}{[\dot{x}_{cl}(t')]^2} \tag{3.35}$$

を得る. (3.35) 式で表わされる量は, 微分方程式 (3.12) を満たす. すなわちこの量は $f(t-t_0)/m$ と同じものであることが示される*6.
$\left(\frac{\partial^2 S_{cl}}{\partial x_0 \partial x}\right)$ はヴァン ヴレック 行列式と呼ばれ*7, その逆数は, 古典経路の密度と解釈できることが以下の様に示される:

x_0 を出発して, 時刻 t に x に到着する経路は作用を最小値にするような経

---

*5 作用を時間で微分するとエネルギーではなくラグランジアンになるようにも思われる. この点についてはノート 3-1 に記した.
*6 右辺を (3.12) に代入してみると, 直ちにわかる.
*7 多次元空間の場合には x, x_0 がベクトルとなり, 行列式になる.

3.2 ヴァン ヴレック 行列式　　　　　　　　　　　　　　　　　　　　　　59

路で, そのときの作用が S_{cl} である. この経路について, 始点, 終点での運動量は 式 (3.29), (3.30) で定まる. もし始点での運動量が少し異なると, 時刻 t に x から少しずれた終点に到着する経路を通ることとなる. $\left(\dfrac{\partial^2 S_{cl}}{\partial x_0 \partial x}\right)$ を

$$-\frac{\partial^2 S_{cl}}{\partial x_0 \partial x} = -\frac{\partial}{\partial x}\frac{\partial S_{cl}}{\partial x_0} = \frac{\partial p(x_0)}{\partial x} \tag{3.36}$$

と書いてみれば分かるように, これは, わずかに異なる運動量を持って始点 x_0 を出発した軌道の終点が x からどの程度ずれているか, ということを表わしている. 別の言い方をすれば, $-\left(\dfrac{\partial^2 S_{cl}}{\partial x_0 \partial x}\right)$ という量は古典経路のまわりに (エネルギーの異なる) 他の経路がどのくらいの密度で分布しているかを表わしているのである.

ヴァン ヴレック 行列式を用いると, WKB 近似でのファインマン核, 式(3.16) は

$$K(x,t;x_0,t_0) = \sqrt{\frac{i}{2\pi\hbar}\frac{\partial^2 S_{cl}}{\partial x \partial x_0}}\, e^{iS_{cl}(x,t;x_0,t_0)/\hbar - in\pi/2} \tag{3.37}$$

と古典作用を用いて表わされる.

(3.37) 式を導いた方法はそのまま多次元に拡張できて, WKB 近似による多次元でのファインマン核の表式,

$$K(\boldsymbol{r},t;\boldsymbol{r}_0,t_0) = \sqrt{\det\left(\frac{i}{2\pi\hbar}\frac{\partial^2 S_{cl}}{\partial \boldsymbol{r} \partial \boldsymbol{r}_0}\right)}\, e^{iS_{cl}(\boldsymbol{r},t;\boldsymbol{r}_0,t_0)/\hbar - in\pi/2} \tag{3.38}$$

を得る.

例題 3-1　一次元調和振動子

調和振動子のハミルトニアンは

$$\mathcal{H} = \frac{p^2}{2m} + \frac{1}{2}m\omega^2 x^2$$

であり, ポテンシャルが 2 次の項しか含んでいないので, WKB 近似で正確なファインマン核が求められる. 始点, 終点が (x_0,t_0), (x,t) である古典運動の軌

道は

$$x_{cl}(\tau) = \frac{x\sin\omega(\tau - t_0) + x_0\sin\omega(t - \tau)}{\sin\omega(t - t_0)} \quad (\bigstar)$$

であるので,これを使って作用を

$$S_{cl}(x, t; x_0, t_0) = \int_{t_0}^{t}\left[\frac{m}{2}\dot{x}_{cl}(\tau)^2 - \frac{m\omega^2}{2}x_{cl}(\tau)^2\right]d\tau$$

$$= \frac{m\omega}{2\sin\omega(t - t_0)}[(x^2 + x_0^2)\cos\omega(t - t_0) - 2xx_0] \quad (\bigstar\bigstar)$$

と求めることができる. ($\bigstar\bigstar$) 式を (3.37) に代入して,ファインマン核

$$K(x, t; x_0, t_0) = \sqrt{\frac{m\omega}{2\pi i\hbar \sin\omega(t - t_0)}}\, e^{iS_{cl}(x,t;x_0,t_0)/\hbar}$$

を求めることができる[*8].

この式からわかるように,調和振動子の場合 $\omega(t - t_0)$ が π の倍数になる場合にはヴァン ヴレック 行列式が発散している. これは,様々な運動量の軌道がまた一点に集まることによる現象で,この点は焦点と呼ばれている. 図 3.6 は,異なるエネルギー (または運動量) を持つ調和振動子の軌道を図示したものである. 同じ点から出発した軌道は一度分かれるが,時刻が π/ω でまた一点に集まることがわかる. これが焦点である. この時にはファインマン核はちょうど付録 C の (C.15) 式の形のデルタ関数になっている.

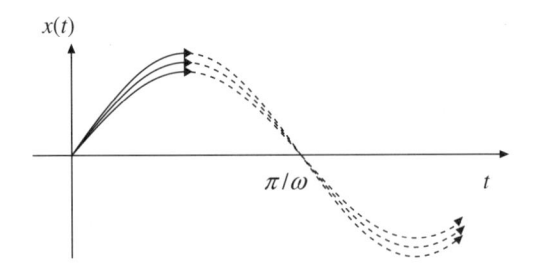

図 3.6 同じ点を出発点とする様々なエネルギーの軌道.

[*8] 調和振動子については次章で詳しく調べる.

3.2 ヴァン ヴレック 行列式

ノート 3-1

(3.29)式を納得するために調和振動子で具体的に計算してみる. 前ページ例題 3-1 の作用の表式 (★★) を x で微分して

$$\frac{\partial S_{cl}}{\partial x} = \frac{m\omega}{\sin \omega(t-t_0)}[x \cos \omega(t-t_0) - x_0]$$

を得るが, 一方 (★) 式で与えられている古典軌道 $x_{cl}(\tau)$ を時間 τ で微分した後 $\tau = t$ を代入すると

$$\dot{x}_{cl}(\tau)\Big|_t = \frac{\omega}{\sin \omega(t-t_0)}[x \cos \omega(t-t_0) - x_0]$$

従って

$$\frac{\partial S_{cl}}{\partial x} = m\dot{x}_{cl}(t)$$

が成り立つ. 右辺はもちろん運動量である.

(3.31)式を示すには少し注意が必要である. 作用を単純に t で微分してもエネルギーにはならない. 作用の時間での微分がラグランジアンであること, すなわち

$$\frac{dS_{cl}}{dt} = \mathcal{L}$$

を作用を時間と位置の関数と見て

$$\frac{dS_{cl}}{dt} = \frac{\partial S_{cl}}{\partial t} + \frac{\partial S_{cl}}{\partial x}\dot{x}$$

から

$$\frac{\partial S_{cl}}{\partial t} = \mathcal{L} - \frac{\partial S_{cl}}{\partial x}\dot{x} = \frac{m}{2}\dot{x}^2 - V(x) - p\dot{x}$$

$$= -\frac{m}{2}\dot{x}^2 - V(x) = -E$$

を得る.

3.3 WKB近似2

　ここまで述べてきた経路積分におけるWKB近似は,通常の量子力学の教科書でWKB近似と呼ばれているものとはかなり異なっている. ここからの数節では普通行われているWKB近似について解説する. これが経路積分のWKB近似とどのように関連しているかは,後の章でエネルギーの関数としてのファインマン核を導入する際に明らかにする.

　時間に依存するシュレーディンガー方程式

$$i\hbar\frac{\partial}{\partial t}\psi(x,t) = \left[-\frac{\hbar^2}{2m}\frac{\partial^2}{\partial x^2} + V(x)\right]\psi(x,t) \tag{3.39}$$

の解を

$$\psi(x,t) = Ae^{iS(x,t)/\hbar} \tag{3.40}$$

の形に仮定し,(3.39)式に代入すると$S(x,t)$の満たすべき方程式

$$\frac{\partial S}{\partial t} + \frac{1}{2m}\left(\frac{\partial S}{\partial x}\right)^2 + V - \frac{i\hbar}{2m}\frac{\partial^2 S}{\partial x^2} = 0 \tag{3.41}$$

を得る. $\hbar \to 0$ で,この方程式は

$$\frac{\partial S}{\partial t} = -\frac{1}{2m}\left(\frac{\partial S}{\partial x}\right)^2 - V \tag{3.42}$$

となるが, これは5.2節で述べるハミルトン-ヤコビの方程式[*9] (5.16) 式である. すなわちこれは,(3.40)のように波動関数を表わしたときの関数Sが作用積分である, ということを示している. つまり (3.40) は, この章の初めに書いたように, 波動関数を $\psi \sim \exp(作用 \times i/\hbar)$ と書いたことになっているのである.

　波動関数 $\psi(x,t)$ が

$$\psi(x,t) = Ae^{-iEt/\hbar}u(x) \tag{3.43}$$

と時間に依存する部分と空間に関する部分$u(x)$に分離できるときには

[*9] 作用積分が満たすべき古典的な方程式.

3.3 WKB 近似 2

$$S(x,t) = W(x) - Et \tag{3.44}$$

のように作用 S をエネルギーに関する部分 Et と空間に関する部分 $W(x)$ に分けて書くと，時間に依存しない波動関数は

$$u(x) = A\, e^{iW(x)/\hbar} \tag{3.45}$$

のように与えられる．この関数 $W(x)$ の満たす方程式は

$$\frac{1}{2m}\left(\frac{\partial W}{\partial x}\right)^2 + [V(x) - E] - \frac{i\hbar}{2m}\frac{\partial^2 W}{\partial x^2} = 0 \tag{3.46}$$

である．

原理的には，この方程式から $W(x)$ を求めることで波動関数が計算できるのだが，この方程式を解くのは容易ではない．そこで，関数 $W(x)$ を求めるために，$u(x)$ に対する 1 次元のシュレーディンガー方程式

$$-\frac{\hbar^2}{2m}\frac{d^2 u}{dx^2} + V(x)u = Eu \tag{3.47}$$

を用いて $W(x)$ を近似的に求めることにしよう．まず E と $V(x)$ の大小に応じて

$$\begin{cases} \dfrac{d^2 u}{dx^2} + k^2(x)u = 0 & (V(x) < E) \\[2mm] \dfrac{d^2 u}{dx^2} - \kappa^2(x)u = 0 & (V(x) > E) \end{cases} \tag{3.48}$$

のように書く．ここで

$$\begin{cases} k(x) = \dfrac{1}{\hbar}\sqrt{2m[E - V(x)]} \\[2mm] \kappa(x) = \dfrac{1}{\hbar}\sqrt{2m[V(x) - E]} \end{cases} \tag{3.49}$$

である．(3.48) の第 1 式に (3.45) を代入して，

$$i\hbar W'' - W'^2 + \hbar^2 k^2 = 0 \tag{3.50}$$

を得る．さらに W を $\hbar$ のべき級数に展開して

$$W = W_0 + \hbar W_1 + \hbar^2 W_2 + \cdots \tag{3.51}$$

と書いて (3.50) に代入し，各 $\hbar$ のべき毎にまとめると $\hbar$ の 0 次と 1 次の部分から

$$\begin{cases} -W_0'^2 + 2m[E - V(x)] = 0 \\ iW_0'' - 2W_0'W_1' = 0 \end{cases} \tag{3.52}$$

という関係式を得るが，この第 1 式より

$$W_0' = \pm\sqrt{2m[E - V(x)]} = \hbar k(x) \tag{3.53}$$

すなわち

$$W_0 = \pm\hbar \int^x k(x')dx' \tag{3.54}$$

が得られる．これと第 2 式より

$$W_1' = \frac{i}{2}\frac{W_0''}{W_0'} = \frac{i}{2}\frac{k'(x)}{k(x)} \tag{3.55}$$

したがって

$$W_1 = \frac{i}{2}\log k(x) \tag{3.56}$$

となる．

以上より

$$W(x) = \pm\hbar \int^x k(x')dx' + \hbar\frac{i}{2}\log k(x) \tag{3.57}$$

を得，(3.48) の第 1 式の基本解は，WKB 近似では

$$u(x) = \frac{1}{\sqrt{k(x)}} e^{\pm i \int^x k(x')dx'} \tag{3.58}$$

と表わされる．

同様の手順により，(3.48) の第 2 式の基本解は

$$u(x) = \frac{1}{\sqrt{\kappa(x)}} e^{\pm \int^x \kappa(x')dx'} \tag{3.59}$$

であることがわかる.

以上に記したWKB近似の要点は,簡約された作用と呼ばれる関数 $W(x)$ を (3.51) のように $\hbar$ のべき級数で表わして,方程式 (3.46) を (3.52) の第1式へと近似した点にある. これが正当化されるためには (3.46) 式の第3項が充分小さいこと, すなわち

$$\left(\frac{\partial W}{\partial x}\right)^2 \gg \hbar \left|\frac{\partial^2 W}{\partial x^2}\right| \tag{3.60}$$

が必要で, この条件は (3.54) 式を用いると

$$\left|\frac{k'}{k^2}\right| = \left|\frac{d}{dx}\frac{1}{k}\right| \ll 1 \tag{3.61}$$

と書き換えることができる. さらに, k は運動量を $\hbar$ で割ったものすなわち波数という意味を持っているので, 波長を λ として $k = 2\pi/\lambda$ と書いて (3.61) 式を書き換えると

$$\frac{1}{2\pi}\left|\frac{d\lambda}{dx}\right| \ll 1 \tag{3.62}$$

を得る. この式から分かるように, WKB近似が成り立つためには波長の程度の距離にわたって波長 (または k) の空間的変化が充分小さいことが必要である. (これは, ポテンシャルが波長の範囲で充分ゆっくりと変化している, といっても同じである.)

3.4 転回点での波動関数の接続と量子条件

図 3.7 に示すようなポテンシャル中での電子の運動を考える. すなわち, 電子がポテンシャルによって閉じ込められており, 電子の運動が有限の領域に限られているような場合を考える. 電子のエネルギーを E とすると, 古典的には電子の運動は $x_1 < x < x_2$ の領域に限られており, それより外側には行けない.

まず, この図の左半分の部分について考える. 考察の対象とする電子のエネルギー E は領域 $x > x_1$ では $E > V(x)$, 領域 $x < x_1$ では $E < V(x)$ であるもの

とする。これらの領域をそれぞれ領域 I, 領域 II と呼ぶ. $E = V(x)$ となる点 (今の場合は x_1) を転回点という. 領域 II は, 古典的には粒子が存在しえないような領域で, x_1 に右側から近づいて来たエネルギー E の粒子は, ここで運動の方向を変え転回点から離れて行く.

領域 I での波動関数を, 先に求めた基本解の一次結合で

$$u_I(x) = \frac{A_+}{\sqrt{k(x)}} e^{i\int_{x_1}^{x} k(x')dx'} + \frac{A_-}{\sqrt{k(x)}} e^{-i\int_{x_1}^{x} k(x')dx'} \tag{3.63}$$

と表わす. 領域 II での波動関数も同様に,

$$u_{II}(x) = \frac{B_+}{\sqrt{\kappa(x)}} e^{\int_{x_1}^{x} \kappa(x')dx'} + \frac{B_-}{\sqrt{\kappa(x)}} e^{-\int_{x_1}^{x} \kappa(x')dx'} \tag{3.64}$$

と書く. 真に電子の運動を記述する波動関数を求めるためには, $u_I(x)$ と $u_{II}(x)$ が転回点を越えてなめらかにつながるように係数を選ばなければならない. しかし, 転回点の付近では電子の波長が非常に長く $k \simeq \kappa \simeq 0$ である. そのためこの領域は, WKB 近似の適用条件 (3.62) 式から外れている. すなわち転回点付近では (3.58), (3.59) は使えない.

波動関数を正しく接続するために, WKB 近似を使わずに転回点付近の波動関数を求める必要がある. その具体的な表式は煩雑なものであるが, それ自身

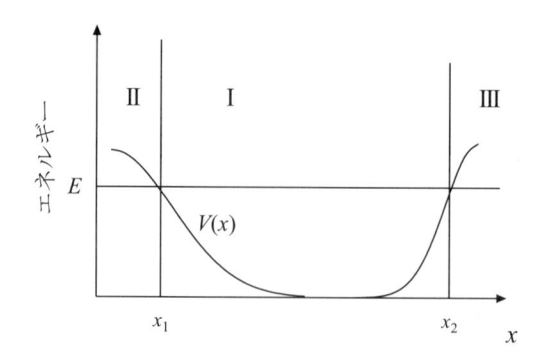

図 3.7 この節で扱う問題の模式図. 電子のエネルギーは E で, このとき x_1 と x_2 が転回点となり, 古典的な運動はこの間で行われる.

3.4 転回点での波動関数の接続と量子条件

に重要な意味はなく, ただ転回点の両側でWKB近似の基本解と接続できればよいのである. そのために, 転回点付近のポテンシャルを一次関数で近似する. これによりシュレーディンガー方程式は解析的に解けて, 基本解として $\pm 1/3$ 次のベッセル関数が得られる. これが $u_I(x), u_{II}(x)$ となめらかにつながるように係数 $A_\pm, B_\pm$ を決めることができる[*10]. その結果は,

領域 II　　　　　　　　領域 I

$$\frac{1}{\sqrt{\kappa(x)}} e^{\int_{x_1}^{x} \kappa(x')dx'} \iff \frac{2}{\sqrt{k(x)}} \cos\left(\int_{x_1}^{x} k(x')dx' - \frac{\pi}{4}\right) \tag{3.65}$$

$$\frac{1}{\sqrt{\kappa(x)}} e^{-\int_{x_1}^{x} \kappa(x')dx'} \iff \frac{-1}{\sqrt{k(x)}} \sin\left(\int_{x_1}^{x} k(x')dx' - \frac{\pi}{4}\right) \tag{3.66}$$

となる. これらの式で, 領域 II の波動関数はそれぞれ, 転回点から離れるにつれて指数関数的に減少するものと指数関数的に増大するものである. 上の結果は, 領域 II のそれらの状態と物理的に意味があるようにつながる領域 I での波動関数が, 右辺の表式で表わされることを示している[*11].

図 3.7 のように, 電子がポテンシャルによってとじ込められている場合, すなわち x_2 にも転回点がある場合には, x_2 での接続条件も考えなければならない. 物理的に意味のある波動関数は, 電子が閉じ込められていることに対応して, $x \ll x_1$ および $x \gg x_2$ の領域で振幅がゼロとなるものである. 転回点 x_1 での接続を考えると, x_1 の右側の状態は

$$\frac{1}{\sqrt{k(x)}} \cos\left(\int_{x_1}^{x} k(x')dx' - \frac{\pi}{4}\right) \tag{3.67}$$

となる. また, 転回点 x_2 での接続も考えると, x_2 の左側の状態は

$$\frac{1}{\sqrt{k(x)}} \cos\left(\int_{x}^{x_2} k(x')dx' - \frac{\pi}{4}\right)$$

[*10] この方法についてはシッフの量子力学の VIII 章に詳しい解説がある. またランダウ–リフシッツの量子力学には, 複素座標を用いて転回点を回避する方法が紹介されている.

[*11] ただし, 誤差が大きくならないように接続できる方向がある. 詳しくは前記の文献を参照すること.

$$= \frac{1}{\sqrt{k(x)}} \cos\left(-\int_x^{x_2} k(x')\,dx' + \frac{\pi}{4}\right)$$

$$= \frac{1}{\sqrt{k(x)}} \cos\left(\int_{x_1}^x k(x')\,dx' - \frac{\pi}{4} - \underline{\int_{x_1}^{x_2} k(x')\,dx' + \frac{\pi}{2}}\right) \tag{3.68}$$

である. (3.67) と (3.68) の 2 つの表現が矛盾なく結びつくためには (3.68) 式の下線部が π の整数倍でなければならない. したがって n を整数として

$$\int_{x_1}^{x_2} k(x')\,dx' = (n+1/2)\pi \tag{3.69}$$

もしくは

$$2\hbar \int_{x_1}^{x_2} k(x')\,dx' = 2\int_{x_1}^{x_2} \sqrt{2m[E-V(x')]}\,dx' = (n+1/2)h \tag{3.70}$$

が, 可能な固有関数に対する条件を与える.

すなわちこれは, ポテンシャルにとじ込められた電子のエネルギーは, 閉じた運動経路に沿って運動量を積分したものがプランク定数 h の整数倍となるような値だけを取るよう離散的になるという, 前期量子論でのボーア–ゾンマーフェルトの量子条件

$$\oint p\,dr = (n+1/2)h \tag{3.71}$$

である[*12].

図 3.8 に, 量子条件と WKB 近似での波動関数の関係の様子を示す. $\psi_I(x)$ は, $x \ll x_1$ でゼロとなる波動関数を $x_1 < x < x_2$ の領域まで接続条件を使って伸ばして来たものである. 同じく, $\psi_{II}(x)$ は, $x \gg x_2$ でゼロとなる波動関数から接続してきたものである. この両者がなめらかにつながる場合に量子条件が満たされる. (このとき定在波ができる, といっても同じことである.)

WKB 近似は後の節で記すようにトンネル効果の計算に用いられることが

[*12] 文献によっては, 因子 1/2 のないものがボーア–ゾンマーフェルトの量子条件と記されていることもある. この後の例題で示すように, この因子については問題ごとに考える必要がある.

3.4 転回点での波動関数の接続と量子条件

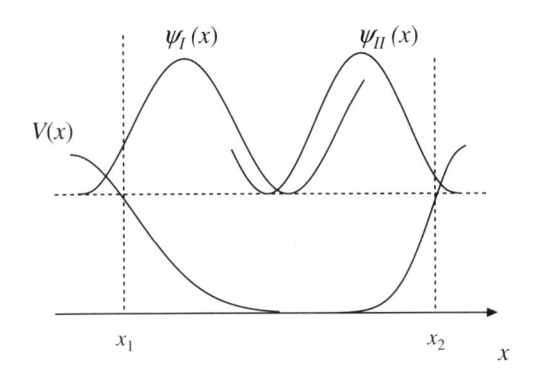

図3.8 $x \ll x_1$ でゼロとなる波動関数に接続する関数 $\psi_I(x)$ と $x \gg x_2$ でゼロとなる波動関数につながる $\psi_{II}(x)$ が，なめらかにつながるとき，量子条件は満たされる．

多く，固有状態を記述するのにはあまり用いられないのであるが，ここで示したように，前期量子論で用いられた量子条件を半古典的な描像で与えるという側面は量子力学を理解する上で非常に重要なものである．

例題 3-2 調和振動子の量子条件

ここで導いた量子化の規則を調和振動子に適用する．ポテンシャルを

$$V(x) = \frac{m\omega^2}{2}x^2$$

とすると，エネルギー E の古典的振動子の転回点 (振動子の振幅と同じ) は，$E = V(x)$ より

$$x = \pm x_1 = \pm\sqrt{\frac{2E}{m\omega^2}}$$

と得られるので，量子化の規則は (3.70) 式より

$$2\int_{-x_1}^{x_1} \sqrt{2m(E - m\omega^2 x^2/2)}\,dx = (n + 1/2)h$$

と書ける. 左辺の積分は,

$$x = \sqrt{\frac{2E}{m\omega^2}} \sin\theta$$

と変数変換すると実行できて

$$2\int_{-x_1}^{x_1} \sqrt{2m(E - m\omega^2 x^2/2)}\,dx = \frac{4E}{\omega}\int_{-\pi/2}^{\pi/2} \cos^2\theta\,d\theta = \frac{2\pi E}{\omega}$$

を得る. 従って, この式とボーア–ゾンマーフェルトの量子条件から, 良く知られた調和振動子の固有エネルギー

$$E = \hbar\omega\left(n + \frac{1}{2}\right) \qquad (n = 0, 1, 2\cdots)$$

を得る.

例題 3-3 量子井戸における量子条件

図 3.9 のように, 無限大の高さのポテンシャル障壁により電子が $0 < x < L$ の領域に閉じ込められている系を考える. この領域では $V(x) = 0$ なので, 量子化規則 (3.70) を適用すると

$$2\int_0^L \sqrt{2mE}\,dx = 2\sqrt{2mE}L = \left(n + \frac{1}{2}\right)h$$

すなわち, 固有エネルギー

$$E = \frac{\hbar^2}{2m}\left[\frac{(n+1/2)\pi}{L}\right]^2$$

が得られる. しかしこれはシュレーディンガー方程式を解いて得られる, よく知られた量子井戸の固有エネルギー

$$E = \frac{\hbar^2}{2m}\left(\frac{n\pi}{L}\right)^2$$

と一致しない.

上の表式の 1/2 というこの余分な因子 (零点エネルギーに相当する) がどこ

3.5 トンネル効果

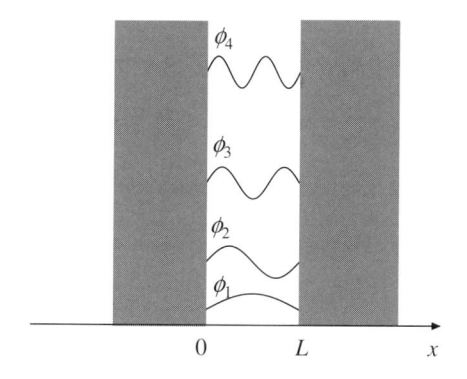

図 3.9 量子井戸の概念図と固有関数. 電子は $0 < x < L$ の領域にのみ存在できる.

から来たかを調べてみると, 接続公式 (3.65), (3.66) の $\pi/4$ という因子に由来するものであることがわかる. 接続公式は転回点付近のポテンシャルを 1 次式で近似して得たものであるから, 量子井戸のような不連続なポテンシャルに対してこの方法を用いると, 間違った結果が得られるということになる. (そもそも WKB 近似の接続公式は, 転回点の先に波動関数がしみだすことを前提に導かれたもので, この場合には当てはまらない.)

さらに言えば, この因子は (3.16) 式に現れた, 特異点からの位相への寄与 $n\pi/2$ と関係している. (3.16) 式によれば, 特異点 (転回点) を通過するたびに電子波の位相は $\pi/2$ だけ変化するのであるが, ポテンシャル障壁の場合には壁の位置での波動関数がゼロであるという要請により, 壁での反射による位相の変化は π になるのである. このことを考慮すると, 正しい量子化エネルギーが得られる.

3.5 トンネル効果

WKB 近似は, 図 3.10 のような, ポテンシャル障壁を貫通して行くようなトンネル現象にも適用することができる.

図の左側の, 領域 I からエネルギー E の電子がポテンシャル障壁に近づいて来た場合を考えよう. 先にも述べたように, 古典力学では粒子は転回点 x_1 で運動の方向を変える. すなわちポテンシャル障壁によって100%の確率で反射される. しかし, 前節の議論からもわかるように, 電子は障壁内にしみこむことができる. ポテンシャル障壁の厚さが薄ければ, 障壁を越えた領域 III に電子が到達できる可能性がある. これがトンネル効果で, 量子力学の原理が支配するミクロな世界ではひんぱんに起こっている重要な過程である.

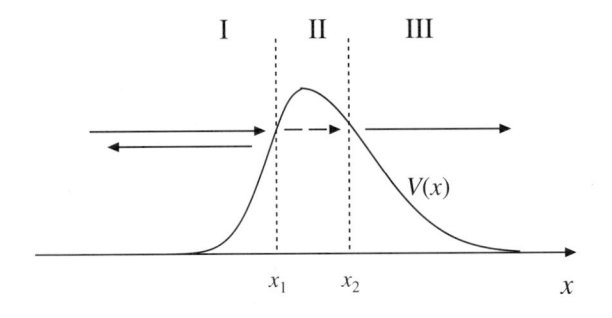

図 3.10 ポテンシャル障壁を貫通する電子の模式図.

前節で示した WKB 近似での波動関数の接続を用いて, トンネル確率を求めることができる. 上に記したようなトンネル過程では, 領域 I では入射波と反射波が存在し, 領域 III では透過波のみが存在すると考えてよい. まず, 領域 III での波動関数を, 右向きに進む進行波

$$u_{III}(x) = \frac{A}{\sqrt{k(x)}} e^{i\int_{x_2}^{x} k(x')dx' - i\pi/4} \tag{3.72}$$

とする. これを

$$u_{III}(x) = \frac{A}{\sqrt{k(x)}} \left[\cos\left(\int_{x_2}^{x} k(x')dx' - \pi/4\right) + i\sin\left(\int_{x_2}^{x} k(x')dx' - \pi/4\right) \right] \tag{3.73}$$

と書くと, それぞれの項に対して転回点 x_2 での接続公式が使えて, 領域 II で

3.5 トンネル効果

の波動関数 $u_{II}(x)$ を求めることができる. さらに, $u_{II}(x)$ に対して転回点 x_1 での接続公式を用いると領域 I での波動関数を求めることができる. 結果を書くと

$$u_I(x) = -i\frac{A}{\sqrt{k(x)}} \left[\left\{ e^{\int_{x_1}^{x_2} \kappa(x')dx'} + \frac{1}{4}e^{-\int_{x_1}^{x_2} \kappa(x')dx'} \right\} e^{i\int_{x_1}^{x} k(x')dx' + i\pi/4} \right.$$

$$\left. + \left\{ e^{\int_{x_1}^{x_2} \kappa(x')dx'} - \frac{1}{4}e^{-\int_{x_1}^{x_2} \kappa(x')dx'} \right\} e^{-i\int_{x_1}^{x} k(x')dx' - i\pi/4} \right] \quad (3.74)$$

指数関数の符号を見れば, この第 1 項が入射波, 第 2 項が反射波に対応していることが分かる. ポテンシャル障壁を透過する確率は, 入射波と透過波の振幅比の絶対値の 2 乗であるので

$$t(E) = \left[e^{\int_{x_1}^{x_2} \kappa(x')dx'} + \frac{1}{4}e^{-\int_{x_1}^{x_2} \kappa(x')dx'} \right]^{-2}$$

$$\simeq \exp\left[-\frac{2}{\hbar}\int_{x_1}^{x_2} \sqrt{2m(V(x') - E)}\, dx' \right] \quad (3.75)$$

となる. ただし, 第一の表式中の第 2 項は第 1 項に比べて小さいので無視して, 最終的な表式を得た.

図 3.11 に角形のポテンシャル障壁 (幅 $L = 30$ Å, 高さ $V = 50$ meV) に対する透過確率を示す. 横軸は, 障壁の高さで割った電子のエネルギーである. 実線が WKB 近似によるもので, 破線は 6 章の章末に示した方法で計算した厳密な結果である. これは, かなり透過の大きい場合の計算であるが, この図を見ると, WKB 近似による透過確率は定量的にはあまり良いとはいえない. 低エネルギーの電子に対しては, 小さすぎる透過確率が得られる反面, 障壁の高さに近いエネルギーでは大きすぎる値となる. 障壁の高さより電子のエネルギーが少しくらい大きくても, 厳密な方法で波動関数を求めると透過確率はあまり大きくはならないのだが, 古典的描像に基づく WKB 近似では少しでも障壁高さより大きいエネルギーを持った電子は必ず透過することになってしまうのである.

それでも WKB 近似は扱い易いので, トンネル効果の解析に多く用いられて

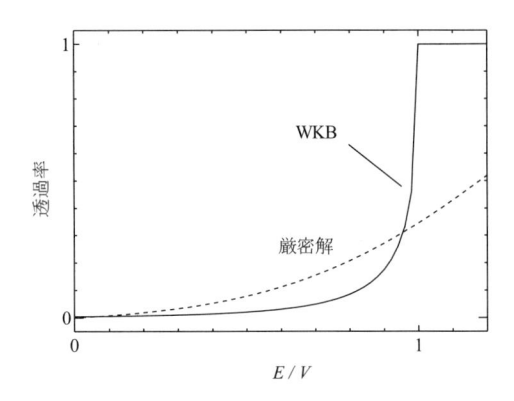

図 3.11　WKB 近似での透過確率 (実線) と厳密な計算値 (破線). 角形のポテンシャル障壁に対する計算.

いる.

第4章
調和振動子および関連する話題

　位置の2乗に比例したポテンシャル中の運動は調和振動と呼ばれており，古典的には，フックの法則に従うばねにつながれた物体の振動や，振れ幅が小さいときの振り子の運動に対応している．調和振動は古典力学，量子力学のいずれにおいても様々なところで用いられ，種々の応用の基礎となる重要な概念である．

4.1　量子論における調和振動子

　まず，通常のシュレーディンガー形式による量子力学での調和振動子の扱いを簡単にまとめておく．1次元の調和振動子のハミルトニアンは

$$\mathcal{H} = -\frac{\hbar^2}{2m}\frac{\partial^2}{\partial x^2} + \frac{1}{2}m\omega^2 x^2 \tag{4.1}$$

であり，時間によらないシュレーディンガー方程式

$$\mathcal{H}\phi(x) = E\phi(x) \tag{4.2}$$

を解いて，固有値と固有関数

$$E_n = \hbar\omega\left(n + \frac{1}{2}\right) \tag{4.3}$$

$$\phi_n(x) = N_n e^{-\frac{m\omega}{2\hbar}x^2} H_n\left(\sqrt{\frac{m\omega}{\hbar}}x\right) \tag{4.4}$$

を求めることができる. ここで n は量子数で, $n = 0, 1, 2, \cdots$ の値を取る.

$$N_n = \frac{1}{(2^n n!)^{1/2}} \left(\frac{m\omega}{\pi\hbar}\right)^{1/4} \tag{4.5}$$

は固有関数を規格化するための定数である. H_n はエルミート多項式と呼ばれる関数で,

$$e^{-s^2+2s\xi} = \sum_{n=0}^{\infty} \frac{H_n(\xi)}{n!} s^n \tag{4.6}$$

で定義される. この式の左辺の関数をエルミート多項式の母関数という. 異なる n を持つエルミート多項式が互いに直交していることや, エルミート多項式の満たす漸化式など, 様々な関係式が母関数表示から導かれる[*1]. また母関数からはエルミート多項式の別の表現

$$H_n(\xi) = (-1)^n e^{\xi^2} \frac{d^n}{d\xi^n} e^{-\xi^2} \tag{4.7}$$

を導くこともできる. (4.7) 式を用いると

$$H_0(\xi) = 1$$

$$H_1(\xi) = 2\xi$$

$$H_2(\xi) = 4\xi^2 - 2 \tag{4.8}$$

$$H_3(\xi) = 8\xi^3 - 12\xi$$

$$H_4(\xi) = 16\xi^4 - 48\xi^2 + 12$$

$$\vdots$$

と具体的な表式が求められる[*2].

[*1] 一般の量子力学の教科書にはたいてい記述がある.
[*2] エルミート多項式には少し異なった定義の仕方もある.

4.1 量子論における調和振動子　　　　　　　　　　　　　　　　　　　　77

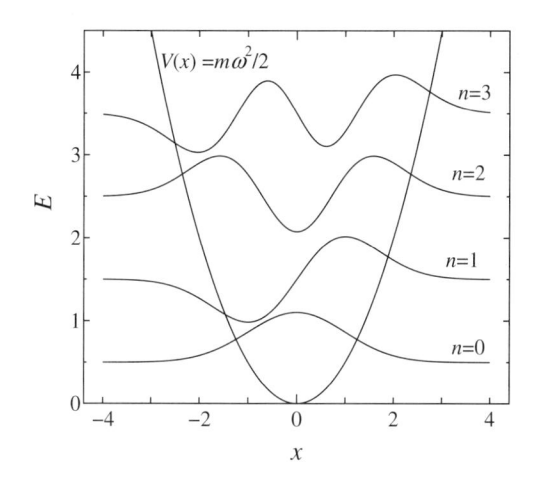

図4.1　調和振動子の固有関数．各量子数 n に対する波動関数は対応するエネルギー固有値の分だけ縦軸方向にシフトされている．(縦軸の単位は $\hbar\omega$, 横軸の単位は $\sqrt{\hbar/m\omega}$ である．)

図4.1に調和振動子の固有関数を図示しておく．波動関数は，基底状態 ($n = 0$) であっても原点付近に有限の振幅を持っている．すなわち，調和ポテンシャル中の粒子は最低エネルギー状態にあっても，ポテンシャルの底で静止しているのではなく，その周辺で少し位置がゆらいでいるのである．この原因はハイゼンベルグの不確定性原理にあり，粒子が完全に静止すると，ポテンシャルエネルギーは小さくても運動エネルギーが大きくなってしまうので，両者の和である全エネルギーはかえって大きくなってしまう．両者にうまく折り合いをつけ，全エネルギーが最も小さくなるように基底状態が決まるのである．またこれがエネルギー固有値に零点エネルギーが現れる原因でもある．

　固有関数は，高エネルギーの準位になるにつれて節の数が増え複雑な関数となる．

4.2 振動する波束

振動子とはいうものの, 時間に依存しないシュレーディンガー方程式を解いて求めたこれらの固有関数からは, 粒子が振動している様子は見えて来ない. しかし, 調和振動子の固有状態を重ね合わせることで, 振動する波束状態を記述できることがシュレーディンガーによって示されている. いま, 状態 $\psi(x,t)$ を時間因子も含めた固有関数の 1 次結合で表わし

$$\psi(x,t) = \sum_{n=0}^{\infty} A_n \phi_n(x) e^{-iE_n t/\hbar} \tag{4.9}$$

とする. A_n はすぐ後で決める定数である. この状態 $\psi(x,t)$ が, 時刻 $t=0$ で a だけ原点からずれた波束 (広がり幅を $\alpha^{-1} = \sqrt{\hbar/m\omega}$ とする) であるとし,

$$\psi(x,0) = \sum_{n=0}^{\infty} A_n \phi_n(x) = \frac{\alpha^{1/2}}{\pi^{1/4}} e^{-\alpha^2(x-a)^2/2} \tag{4.10}$$

となるものとする. 展開係数 A_n を求めるために, (4.10) 式に $\phi_m^*(x)$ を左から掛けて x で積分すると, 固有状態 $\phi_n(x)$ の直交性により,

$$A_m = \int_{-\infty}^{\infty} \phi_m^*(x) \psi(x,0) dx$$

$$= \frac{N_m}{\alpha^{1/2} \pi^{1/4}} \int_{-\infty}^{\infty} H_m(\xi) e^{-\xi^2/2} e^{-(\xi-\xi_0)^2/2} d\xi \tag{4.11}$$

を得る. ただし $\xi = \alpha x$ と変数変換をした. また $\xi_0 = \alpha a$ である. この積分はエルミート関数の母関数表示を用いて計算でき[*3],

$$A_n = \frac{\xi_0^n e^{-\xi_0^2/4}}{(2^n n!)^{1/2}} \tag{4.12}$$

を得る. この A_n の表式を用いて $\psi(x,t)$ は

$$\psi(x,t) = \frac{\alpha^{1/2}}{\pi^{1/4}} e^{-\xi^2/2 - \xi_0^2/4 - i\omega t/2} \sum_{n=0}^{\infty} \frac{H_n(\xi)}{n!} \left(\frac{\xi_0}{2} e^{-i\omega t} \right)^n$$

[*3] 詳しい計算は L. I. シッフの量子力学 (参考文献 [12]) にある.

4.2 振動する波束

$$= e^{-(\xi_0/\sqrt{2})^2/2} \sum_{n=0}^{\infty} \frac{(\xi_0/\sqrt{2})^n}{\sqrt{n!}} \phi_n(x,t) \tag{4.13}$$

と書ける．ここで $\phi_n(x,t) = e^{-iE_n t/\hbar}\phi_n(x,t)$ である．この式の n での和はやはり母関数を用いて計算できて，最終的に

$$\psi(x,t) = \frac{\alpha^{1/2}}{\pi^{1/4}} \exp\left[-\frac{1}{2}(\xi - \xi_0 \cos\omega t)^2 + i\cdots\right] \tag{4.14}$$

を得る．

これは，中心を位置 $\xi_0 \cos\omega t$ に持つ波束，すなわち振動する波束である．この波束は時間が経ってもその形が崩れることなしに，往復運動をくりかえす．各固有状態は $e^{-iE_n t/\hbar}$ という時間依存性を持っているものの，静止した状態である．しかしそれらを重ね合わせたものは，個々の成分の時間依存性が異なるために，振幅の大きい部分が振動するのである．

一般のポテンシャルに対しても，固有関数を重ね合わせることで運動する波束状態を構成することができる．ただし，エネルギー準位の間隔が一定でない場合には，波束の形は時間を経るにつれて崩れていく．時間が経っても波束の形が保たれるのは調和振動子の特徴である．この点については，6 章でいくつかの具体例を示してまたふれることとする．

例題 4-1　2 準位系の固有状態と振動する波束

前節で述べたことの例として，固有状態を重ね合わせた状態が振動する波束になっていることを，簡単な 2 サイトの系で見てみる．すでに 2 章の例題 2-2 で同じ問題を扱っているが，ここでは異なった見方に立っていることに注意して，以前の扱いと比較してほしい．

27 ページに記した水素分子のような系を考え，2 つの局在基底 $|\eta_1\rangle, |\eta_2\rangle$ で表わしたハミルトニアン行列を

$$\mathcal{H}_{ij} = \begin{pmatrix} \langle \eta_1 | \mathcal{H} | \eta_1 \rangle & \langle \eta_1 | \mathcal{H} | \eta_2 \rangle \\ \langle \eta_2 | \mathcal{H} | \eta_1 \rangle & \langle \eta_2 | \mathcal{H} | \eta_2 \rangle \end{pmatrix} \equiv \begin{pmatrix} \varepsilon & -V \\ -V & \varepsilon \end{pmatrix}$$

としよう.

固有値 E は永年方程式

$$\begin{vmatrix} E - \varepsilon & V \\ V & E - \varepsilon \end{vmatrix} = 0$$

から

$$E_1 = \varepsilon - V, \qquad E_2 = \varepsilon + V$$

と求めることができる. それぞれの固有エネルギーに対応した固有関数も

$$\phi_1(x) = \frac{1}{\sqrt{2}} (\eta_1(x) + \eta_2(x))$$

$$\phi_2(x) = \frac{1}{\sqrt{2}} (\eta_1(x) - \eta_2(x))$$

と求められる. これらは結合状態, 反結合状態と呼ばれている. (図 4.2 参照.)

4.2 節の (4.9) 式のような, 固有関数を重ね合わせた状態

$$\psi(x, t) = \frac{1}{\sqrt{2}} \left[e^{-iE_1 t/\hbar} \phi_1(x) + e^{-iE_2 t/\hbar} \phi_2(x) \right]$$

を考えると, 簡単な計算でこれは

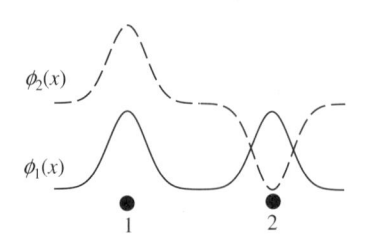

図 4.2 2つの固有状態. 結合軌道 $\phi_1(x)$ と反結合軌道 $\phi_2(x)$.

$$\psi(x,t) = e^{-i\varepsilon t/\hbar}\left[\cos(Vt/\hbar)\,\eta_1(x) + i\sin(Vt/\hbar)\,\eta_2(x)\right]$$

と書けることがわかる. この表式から見て取れるように状態 $\psi(x,t)$ はサイト 1 とサイト 2 の間を往復運動する, つまり振動する波束である. 固有関数に基づいた見方では, 2 つの固有関数の位相因子の時間依存性が異なるために, 時間とともに $\psi(x,t)$ の振幅の大きい位置が振動するのである. 4.2 図を見れば, $\phi_1(x) + \phi_2(x)$ はサイト 1 で, $\phi_1(x) - \phi_2(x)$ はサイト 2 で大きな振幅を持つことがわかるだろう.

また, $|c_i(t)|^2 = |\langle\eta_i|\psi(t)\rangle|^2$ $(i = 1, 2)$ がそれぞれのサイトに電子が見つかる確率で, これらは図 2.4 に示したように振動するのである.

4.3 経路積分による調和振動子の記述

4.3.1 古典運動と作用積分

調和振動子に対するファインマン核を求めるために, まず, 古典的な運動に基づいて調和振動子に対する作用積分を求める. 初めに, 調和振動子の古典軌道を

$$x_{cl}(\tau) = A\cos\omega\tau + B\sin\omega\tau \tag{4.15}$$

と書いておく. 粒子は, 時刻 t_0 で位置 x_0 に, 時刻 t では位置 x にある, という境界条件を課すと

$$\begin{cases} x_0 = A\cos\omega t_0 + B\sin\omega t_0 \\ x = A\cos\omega t + B\sin\omega t \end{cases} \tag{4.16}$$

であるが, これを解いて係数 A, B を

$$\begin{cases} A = \dfrac{x_0 \cos \omega t - x \sin \omega t_0}{\sin \omega (t - t_0)} \\ B = \dfrac{x \cos \omega t_0 - x_0 \sin \omega t}{\sin \omega (t - t_0)} \end{cases} \quad (4.17)$$

と求めることができる. これを (4.15) 式に代入して, 与えられた境界条件を満たす古典軌道の表式

$$x_{cl}(\tau) = \frac{x \sin \omega(\tau - t_0) + x_0 \sin \omega(t - \tau)}{\sin \omega(t - t_0)} \quad (4.18)$$

を得る. さらに, これを使って古典経路に沿った作用積分を

$$\begin{aligned} S_{cl} &= \int_{t_0}^{t} \mathcal{L}(x_{cl}(\tau), \dot{x}_{cl}(\tau)) \, d\tau \\ &= \frac{m\omega}{2 \sin \omega(t - t_0)} [(x^2 + x_0^2) \cos \omega(t - t_0) - 2xx_0] \end{aligned} \quad (4.19)$$

と計算することができる.

4.3.2 ファインマン核

ファインマン核は前章で示した WKB 近似で求めることができる. すなわち, 前節で求めた古典的な経路 $x_{cl}(\tau)$ とそこからのずれ $y(\tau)$ を使って, 軌道 $x(\tau)$ を $x(\tau) = y(\tau) - x_{cl}(\tau)$ と書くことで作用積分を

$$S(x) = S_{cl} + \frac{1}{2} \frac{\delta^2 S}{\delta x^2} y^2(t) \quad (4.20)$$

と書き, ファインマン核を

$$K(x, t; x_0, t_0) = e^{i S_{cl}(x, t; x_0, t_0)/\hbar} \tilde{K}(0, t; 0, t_0) \quad (4.21)$$

$$\tilde{K}(0, t; 0, t_0) = \lim_{N \to \infty} \left(\frac{m}{2\pi i \hbar \epsilon} \right)^{N/2} \int dy_1 \cdots dy_{N-1} \, e^{i\epsilon/\hbar \sum_{j=0}^{N-1} \{(m/2)[(y_{j+1} - y_j)/\epsilon]^2 - m\omega^2 y_j^2/2\}} \quad (4.22)$$

と表わす. さらに, ベクトル表記を導入し

4.3 経路積分による調和振動子の記述

$$\boldsymbol{y} = (y_1, y_2, \cdots, y_{N-1})^t \tag{4.23}$$

$$\sigma_{N-1} = \frac{m}{2\hbar\epsilon} \begin{pmatrix} 2-\omega^2\epsilon^2 & -1 & & & \\ -1 & 2-\omega^2\epsilon^2 & -1 & & \\ & & \ddots & & \\ & & -1 & 2-\omega^2\epsilon^2 & -1 \\ & & & -1 & 2-\omega^2\epsilon^2 \end{pmatrix} \tag{4.24}$$

と置くと，(4.22) 式の指数関数の中身は (3.5) のように

$$i\,\boldsymbol{y}^t \sigma_{N-1} \boldsymbol{y} \tag{4.25}$$

と書け，y_j での多重積分を実行し $\tilde{K}(0\,t, 0\,t_0)$ を求めることができる．この手順は前章で示したものと全く同じである．WKB 近似はポテンシャルを展開して 2 次の項までを残したのであり，調和ポテンシャルがその方法に適用できるのは当然である．

しかし，ここでは 3 章で記した基準モードを用いる方法を適用してみよう[*4]．
時間間隔 $t_0 \sim t$ は $N-1$ 個の微小な区間に分割されている．運動の始点と終点は固定されているので，古典経路からのずれ $y(\tau)$ は始点と終点ではゼロである．このような経路はサイン関数の和として

$$y(\tau) = \sum_{n=1}^{N-1} a_n \sin(n\pi\tau/t) \tag{4.26}$$

と書ける．ただし $t_0 = 0$ とした．これを用いて積分変数を a_n に変えると，(4.22) 式の作用を

$$\epsilon \frac{m}{2} \sum_{j=0}^{N-1} \left\{ \left(\frac{y_{j+1}-y_j}{\epsilon}\right)^2 - \omega^2 y_j^2 \right\} = \int_0^t \frac{m}{2}\left[\dot{y}^2(\tau) - \omega^2 y^2(\tau)\right] d\tau$$

[*4] ファインマン–ヒッブス (参考文献 [1]) 3-11,
M. S. スワンソン 経路積分法 (参考文献 [5]) 3-3.

$$= \frac{mt}{4} \sum_{n=1}^{N-1} \left[(n\pi/t)^2 - \omega^2 \right] a_n^2 \tag{4.27}$$

と計算できるので (4.22) 式は

$$\tilde{K}(0,t;0,0) = \lim_{N\to\infty} J \left(\frac{m}{2\pi i\hbar\epsilon} \right)^{N/2} \prod_{n=1}^{N-1} \int da_n \, e^{\frac{i}{\hbar}\frac{mt}{4}[(n\pi/t)^2-\omega^2]a_n^2} \tag{4.28}$$

と書ける．ただし，J は積分変数の変換に伴うヤコビアンである．積分は各 a_n についてのガウス積分の積なので実行できて，

$$\tilde{K}(0,t;0,0) = \lim_{N\to\infty} J \left(\frac{m}{2\pi i\hbar} \right)^{1/2} \frac{1}{\epsilon^{N/2}} \prod_{n=1}^{N-1} \left(\frac{2}{t} \right)^{1/2} \left(\frac{t}{n\pi} \right) \left(1 - \frac{\omega^2 t^2}{n^2 \pi^2} \right)^{-1/2} \tag{4.29}$$

となる．さらに，サイン関数の無限乗積形[*5]

$$\sin x = x \prod_{n=1}^{\infty} \left(1 - \frac{x^2}{n^2 \pi^2} \right) \tag{4.30}$$

を用いて，最後の因子をサイン関数で表わすことができ，これにより (4.29) を

$$\tilde{K}(0,t;0,0) = C \left(\frac{\omega t}{\sin \omega t} \right)^{1/2} \tag{4.31}$$

という形にすることができる．係数 C は (4.29) 式のヤコビアンとその他の因子とを合わせたものをこのように書いた．変数変換に伴うヤコビアンを実際に求めるのは容易ではないのだが，調和振動子のファインマン核が $\omega \to 0$ の極限で自由粒子のファインマン核と一致しなければならないという要請から，係数 C を決めることができて，

$$\tilde{K}(0,t;0,t_0) = \left[\frac{m\omega}{2\pi i\hbar \sin \omega(t-t_0)} \right]^{1/2} \tag{4.32}$$

を得る．

以上より，調和振動子のファインマン核は，古典的作用積分を使って

$$K(x,t;x_0,t_0) = \sqrt{\frac{m\omega}{2\pi i\hbar \sin \omega(t-t_0)}} \, e^{iS_{cl}/\hbar} \tag{4.33}$$

[*5] $\sin x$ が零点 $x = n\pi$ を持つことを考えれば直感的に理解できる．証明は，L. オイラー，オイラーの無限解析（高瀬正仁訳，海鳴社）にある．

となる. これは既に 3 章の例題 3-1 で求めておいたものである.

4.4 第2量子化と場の量子論

4.4.1 生成・消滅演算子

調和振動子の量子数は $n = 0, 1, 2, \cdots$ の値を取る. 物理的には, n が大きい高エネルギーの状態は振幅の大きい振動に対応している. しかし見方を変えて, 量子数 n を粒子の数と見なして量子系の記述を行う手法がある. これが第2量子化 (または数表示) と呼ばれている方法である.

調和振動子のシュレーディンガー方程式は微分方程式を直接解かなくても,

$$a = \sqrt{\frac{m\omega}{2\hbar}}\left(x + i\frac{p}{m\omega}\right), \qquad a^\dagger = \sqrt{\frac{m\omega}{2\hbar}}\left(x - i\frac{p}{m\omega}\right) \tag{4.34}$$

と, x と p の一次結合から成る演算子 $a, a^\dagger$ を導入することで解けることが知られている. 位置と運動量の交換関係 $[x, p] = i\hbar$ とこの定義式から, 演算子 $a, a^\dagger$ が満たす交換関係

$$[a, a^\dagger] = 1,$$
$$[a, a] = 0, \qquad [a^\dagger, a^\dagger] = 0 \tag{4.35}$$

を導くことができる.

$a, a^\dagger$ を固有関数に作用させると

$$a\phi_n(x) = \sqrt{n}\,\phi_{n-1}(x)$$
$$a^\dagger\phi_n(x) = \sqrt{n+1}\,\phi_{n+1}(x) \tag{4.36}$$

となることが示される. さらにこの式から

$$a^\dagger a \phi_n(x) = n\phi_n(x) \tag{4.37}$$

の関係も導かれる．

(4.36) 式から分かるように，$a^\dagger$ は量子数を一つ増やす，a は一つ減らすという働きをする演算子である．しかし先に書いたように n を粒子の数と解釈するならば，この演算子はそれぞれ，粒子を一つ作る演算子，一つ減らす演算子と見なすことができる．そのためこれらは 生成演算子, 消滅演算子 という名で呼ばれている[*6]．さらに，$a^\dagger a$ は粒子の数 n を表わすので，これを粒子数演算子という．

さらに，生成・消滅演算子を用いて，調和振動子のハミルトニアンは

$$\mathcal{H} = \hbar\omega\left(a^\dagger a + \frac{1}{2}\right) \tag{4.38}$$

という形に書き換えられる．

以上の関係式 (4.34) – (4.38) を用いることで，調和振動子の固有エネルギー，固有関数を代数的に求めることができるのである．

この方法はもちろん，シュレーディンガー方程式を解いたものと同一の結果を与えることが示される．まず，系が安定であること，すなわち最低エネルギーの状態が存在する，という物理的要請をしよう．この状態を $|0\rangle$ とすると $a|0\rangle = 0$ すなわち

$$\langle x|a|0\rangle = \sqrt{\frac{m\omega}{2\hbar}}\left(x + \frac{\hbar}{m\omega}\frac{d}{dx}\right)\langle x|0\rangle = 0 \tag{4.39}$$

という微分方程式を解いて，基底状態の波動関数

$$\langle x|0\rangle = N_0\, e^{-\frac{m\omega}{2\hbar}x^2} \tag{4.40}$$

を得る．N_0 は規格化定数である．

また (4.38) 式から最低エネルギーが $\hbar\omega/2$ であること，すなわち

$$\mathcal{H}|0\rangle = \hbar\omega/2\,|0\rangle \tag{4.41}$$

が成り立つこともわかる．

この基底状態に $a^\dagger$ を順次作用させ (4.36) の第 2 式を用いると，固有関数

[*6] 先の意味で，昇降演算子と呼ぶこともある．

4.4 第2量子化と場の量子論

(4.4) とそのエネルギー (4.3) が求められる.

4.4.2 第2量子化と場の演算子

演算子形式で表わした調和振動子の性質を利用して, 波動場の量子化という手続きが行われる.

まず, 通常の (つまり第1の) 量子化について復習しよう. 古典的なハミルトニアンは, 一般化された運動量 p と座標 x の関数で,

$$\mathcal{H}_{cl} = \frac{p^2}{2m} + V(x) \tag{4.42}$$

である. 古典的なハミルトニアン関数を用いて x, p に対する微分方程式 (A.28) が導けて, それを解くことで粒子の運動を記述することができる.

第1の意味での "量子化" とは x, p を演算子として扱い, これらの間に交換関係

$$[x, p] = i\hbar \tag{4.43}$$

を科すことである. これにより, 座標表示では運動量が

$$p = -i\hbar \frac{\partial}{\partial x} \tag{4.44}$$

と微分演算になる. 従ってハミルトニアンも演算子になり

$$\mathcal{H} = -\frac{\hbar^2}{2m} \frac{\partial^2}{\partial x^2} + V(x) \tag{4.45}$$

となる. この演算子としてのハミルトニアンを用いて微分方程式 (固有値問題) を解いて固有関数, エネルギー固有値 ($E_i, \phi_i(x)$ とする) を求めることができる. これが通常の量子化の手順である. この時, 任意の状態は固有関数と展開係数 a_i を用いて

$$\psi(x) = \sum_i a_i \phi_i(x) \tag{4.46}$$

のように展開できて, この状態による物理量の期待値は $\langle \psi | A | \psi \rangle$ で求めること

ができる.

　第2量子化とは, 第1の量子化の結果得られた波動関数を量子化する, ということである. あるいは波動関数を演算子として扱うと言っても同じことである. そのためには, 場の演算子 (離散的な振幅を持つ波動関数のようなもの) $\psi(x), \psi^\dagger(x)$ を導入して, これを

$$\psi^\dagger(x) = \sum_i \phi_i^*(x) a_i^\dagger, \qquad \psi(x) = \sum_i \phi_i(x) a_i \qquad (4.47)$$

と固有関数の1次結合で表わす. ただし (4.46) 式の展開とは異なって, ここでの展開係数 $a_i^\dagger, a_i$ は単なる数ではなく, 先に導入した, 生成・消滅演算子である. $a_i^\dagger$ は状態 ϕ_i の粒子を一つ作る演算子, a_i は粒子を一つ消す演算子と解釈できるので, それに対応して $\psi^\dagger(x)$ は位置 x に粒子を一つ生成する働きを持つ演算子, $\psi(x)$ は位置 x の粒子を消す演算子であるとの意味を持つ.

　先に第2量子化とは波動関数を演算子として扱うことである述べたのは, 場の演算子, もしくは (4.47) 式のように場の演算子を固有関数で展開したときの係数 $a_i, a_i^\dagger$ を演算子として扱う, という意味であり, 固有関数 $\phi_i(x)$ 自体は依然として c-数である. ただし各固有関数の振幅が離散的なものとして扱われている. つまり

$$\left[\phi_i^*(x) a_i^\dagger\right] \left[\phi_i(x) a_i\right] = n |\phi_i(x)|^2 \qquad (4.48)$$

を状態 ϕ_i に粒子が n 個いる, と見なすのである.

　場の演算子 $\psi(x), \psi^\dagger(x)$ とはいわば, 振幅が離散的な波動関数, 1つ, 2つと数えられるような離散性を持つ波動関数である.

　場の演算子を用いるとハミルトニアンの期待値が演算子となり, 第2量子化でのハミルトニアン

$$\mathcal{H} = \langle \psi | \mathcal{H} | \psi \rangle = \int \psi^\dagger(x) \mathcal{H} \psi(x)\, dx = \sum_i E_i a_i^\dagger a_i \qquad (4.49)$$

が得られる.

　このような手続きを踏むことに, 一体どういう意味があるのであろうか. 第2量子化の利点は, 大きく分けて2つある.

4.4 第2量子化と場の量子論

一つは，多粒子系を容易に扱えることである．量子力学では，同種の粒子は互いに区別がつかない．このことに対応して，複数の粒子を含む状態は複雑な関数となる．例えば2個の粒子を含む波動関数は

$$\Psi(r_1, r_2) = \frac{1}{\sqrt{2}}[\phi_1(r_1)\phi_2(r_2) \pm \phi_1(r_2)\phi_2(r_1)] \qquad (4.50)$$

のように表わされるのだが[*7]，これは6つの座標を含んでいるという意味で6次元空間の波であり，取り扱いが大変である上に実空間の波として解釈することが難しい．しかし，真空状態 Ψ_0 に2つの生成演算子を作用させた

$$\Psi = a_1^\dagger a_2^\dagger \Psi_0 \qquad (4.51)$$

という状態は，2つの粒子を含んでおり，対称性の考察などから $\Psi(r_1, r_2)$ と等価であることが示せて，なおかつ波動場は3次元空間の波として扱うことができるのである．

もう一つの利点は，場の演算子の振幅が離散的であることから，この波に1つ，2つと数えられるような粒子性を持たせることができるという点である．つまり，場の演算子は粒子性と波動性を合わせ持っているので，量子力学的な記述に適しているのである．

このような理由により，第2量子化の形式は多数の粒子を含む問題に対して数多く用いられている．

4.4.3 フェルミ粒子

ここまでは，粒子の数 n に上限がないものとして話を進めて来た．粒子数に関するこの性質はボーズ粒子にあてはまるものである．しかし電子のようなフェルミ粒子では，パウリの排他原理のために，一つの状態には一つの粒子しか入ることができない．従って，粒子数は0か1に限定されなければならない．

この要請は，生成・消滅演算子の交換関係 (4.35) 式を

[*7] 複合はプラスがボーズ粒子，マイナスがフェルミ粒子に対応している．

$$[a, a^\dagger]_+ = 1$$
$$[a, a]_+ = 0, \quad [a^\dagger, a^\dagger]_+ = 0 \tag{4.52}$$

と変更することで満たされる．ここで，$[A, B]_+$ は反交換関係と呼ばれ，$[A, B]_+ = AB + BA$ を意味する．この最後の関係式から

$$a_i^\dagger a_i^\dagger \Psi_0 = 0 \tag{4.53}$$

となり，状態の二重占有が自動的に禁止されるのである．

4.4.4　場の量子論におけるグリーン関数

多くのテキストにおいて，グリーン関数は，場の演算子または生成・消滅演算子を使って定義されている．第 2 章でファインマン核とグリーン関数は本質的に同一のものであると書いたが，場の量子論に現れるグリーン関数は，経路積分形式のファインマン核とは違うもののように見える．そこでこの節では，両者の関係について述べる．ただし，本書では電子を主たる対象としているので，この節ではフェルミ粒子に対する表式だけを表示する．

場の量子論で中心的な役割を果たすのは，因果グリーン関数で，これはハイゼンベルグ描像の (つまり時間依存性を持つ) 場の演算子の平均値として

$$G(x, t; x_0, t_0) = -i \langle T[\psi(x, t), \psi^\dagger(x_0, t_0)] \rangle$$

と定義される．平均は多粒子系の基底状態について取る[*8]．また $T[\cdots]$ は時間の順序に演算子を並べ変える働きをする演算子であり

$$T[\psi(x,t), \psi^\dagger(x_0, t_0)] = \begin{cases} \psi(x,t)\psi^\dagger(x_0, t_0) & (t > t_0) \\ -\psi^\dagger(x_0, t_0)\psi(x,t) & (t < t_0) \end{cases} \tag{4.54}$$

である．従って因果グリーン関数は

[*8] 有限温度の系を扱う場合には統計平均を取るのだが，ここでは経路積分法との関連を示すのが目的なので，絶対零度の場合についてのみ示す．

4.4 第2量子化と場の量子論

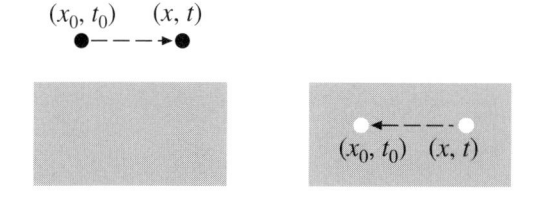

図 4.3 因果グリーン関数の概念図. 左は電子に対する項で, 始点 (x_0, t_0) から終点 (x, t) への粒子の伝播表わす. 右は正孔に対する項.

$$G(x, t; x_0, t_0) = -i \langle \psi(x, t) \psi^\dagger(x_0, t_0) \rangle \theta(t - t_0) + i \langle \psi^\dagger(x_0, t_0) \psi(x, t) \rangle \theta(t_0 - t) \tag{4.55}$$

とも書ける.

ここで対象としている体系は, これまでのものとは少し違っていることに注意してほしい. これまでの章では, 他には何もない空間中の粒子がどのように時間変化して行くかを記述してきた. それに対して, ここでは多粒子系の中の一つの粒子の時間発展を考えている. 粒子間の相互作用を無視するならばどちらでも同じことなのであるが, ここでの方法ではフェルミの海から粒子が抜けた状態 (いわゆる正孔) の時間発展も記述できるようになっているのである[*9].

因果グリーン関数の 2 番目の表式 (4.55) からわかるように, この第 1 項は, 点 x_0 に生じた電子が点 x まで伝播して, そこで消滅するという過程を表わしており, 一方第 2 項は, 点 x で電子が消えて (つまり正孔が生じて) x_0 で現れる (正孔が消える) ことを表わしている (図 4.3 参照).

自由粒子の場合, 場の演算子を平面波で展開して

$$\psi^\dagger(x_0, t_0) = \frac{1}{\sqrt{L}} \sum_k e^{-ikx_0 + i\varepsilon_k t_0/\hbar} a_k^\dagger \tag{4.56}$$

[*9] 因果グリーン関数に摂動論を適用して, 粒子間の相互作用を取り入れることができる. 参考文献 [20]–[24] を参照のこと.

と表し，$\langle a_k^\dagger a_{k'} \rangle = \theta(\varepsilon_F - \varepsilon_k)\delta_{k,k'}$ であることを用いると

$$\psi(x,t) = \frac{1}{\sqrt{L}}\sum_{k'} e^{ik'x - i\varepsilon_{k'}t/\hbar} a_{k'}$$

$$G(x,t;x_0,t_0) = -\frac{i}{L}\sum_k [\theta(t-t_0)\theta(\varepsilon_k - \varepsilon_F) - \theta(t_0-t)\theta(\varepsilon_F - \varepsilon_k)] e^{ik(x-x_0) - i\varepsilon_k(t-t_0)/\hbar} \tag{4.57}$$

と書ける．
この式に階段関数の表現[*10]

$$\theta(t) = \frac{-1}{2\pi i}\int_{-\infty}^{\infty} d\omega \frac{e^{-i\omega t}}{\omega + i\epsilon} \tag{4.58}$$

を用いると，時間と空間についてフーリエ変換した因果グリーン関数が

$$G(k,\omega) = \frac{\theta(\varepsilon_k - \varepsilon_F)}{\omega - \omega_k + i\epsilon} + \frac{\theta(\varepsilon_F - \varepsilon_k)}{\omega - \omega_k - i\epsilon} \tag{4.59}$$

であることがわかる．

場の量子論ではさらに，遅延グリーン関数，先進グリーン関数の 2 つの関数が用いられる．これらはそれぞれ

$$G^R(x,t;x_0,t_0) = -i\theta(t-t_0)\left\langle \left[\psi(x,t),\psi^\dagger(x_0,t_0)\right]_+\right\rangle \tag{4.60}$$

$$G^A(x,t,x_0,t_0) = i\theta(t_0-t)\left\langle \left[\psi(x,t),\psi^\dagger(x_0,t_0)\right]_+\right\rangle \tag{4.61}$$

で定義される．遅延グリーン関数は，状態が時間につれて伝播していく様子を記述するのに対して，先進グリーン関数は時間をさかのぼる過程を表わす．このため，遅延関数は実際の物理過程に対応しており，ファインマン核と同様の意味を持つ．それに対して先進関数は物理的過程というより，数学的な便宜のために導入されたものである．

場の演算子を平面波で展開すると，反交換関係が

[*10] この表式は，被積分関数が下半複素平面に極を持っていること，t の正負に応じて図 7.4 の C_1 または C_2 の経路を取ることができることを用いると，留数定理から導かれる．

4.4 第2量子化と場の量子論

$$\left[\psi(x,t),\psi^\dagger(x_0,t_0)\right]_+ = \frac{1}{L}\sum_{k,k'} e^{ik'x-ikx_0-i\varepsilon_{k'}t/\hbar+i\varepsilon_k t_0/\hbar}[a_{k'},a_k^\dagger]_+$$

$$= \frac{1}{L}\sum_k e^{ik(x-x_0)-i\varepsilon_k(t-t_0)/\hbar} \tag{4.62}$$

と求められるので、これを用いて遅延グリーン関数は

$$G^R(x,t;x_0,t_0) = -i\,\theta(t-t_0)\frac{1}{L}\sum_k e^{ik(x-x_0)-i\varepsilon_k(t-t_0)/\hbar} \tag{4.63}$$

と書き表される。さらに $\varepsilon_k = \dfrac{\hbar^2 k^2}{2m}$ を代入し k での和を積分に直すと

$$G^R(x,t;x_0,t_0) = -i\theta(t-t_0)\sqrt{\frac{m}{2\pi i\hbar(t-t_0)}}\,e^{\frac{i}{\hbar}\frac{m}{2}\frac{(x-x_0)^2}{t-t_0}} \tag{4.64}$$

となるが、これは時間に関する階段関数を除いて自由粒子のファインマン核と同じものであることがわかる[*11]。

また本書ではもっぱら実空間表示のファインマン核を扱っているが (4.63) 式は波数表示の遅延グリーン関数が

$$G^R(k,t-t_0) = -i\,\theta(t-t_0)\,e^{-i\varepsilon_k(t-t_0)/\hbar} \tag{4.65}$$

であることを示している。多粒子系では、準位に粒子がいるかどうかはエネルギー (または波数) で決まるので、実空間より波数での表示のほうが便利なことが多い。

先の因果グリーン関数の場合と同様に、階段関数の積分表現を用いると、遅延グリーン関数、先進グリーン関数が

$$G^R(k,\omega) = \frac{1}{\omega-\omega_k+i\epsilon} \tag{4.66}$$

$$G^A(k,\omega) = \frac{1}{\omega-\omega_k-i\epsilon} \tag{4.67}$$

と書ける。この式から $G^R(k,\omega)$ は ω 複素上半平面には極を持たない (これを

[*11] 2.5 節参照.

上半平面で解析的であるという) ことがわかる[*12].

また, ハミルトニアンの固有関数がわかっているのなら場の演算子を固有関数で展開して,

$$\psi^\dagger(x_0, t_0) = \sum_i \phi_i^*(x_0)\, e^{i\varepsilon_i t_0/\hbar}\, a_i^\dagger$$

$$\psi(x, t) = \sum_{i'} \phi_{i'}(x)\, e^{-i\varepsilon_{i'} t/\hbar}\, a_{i'} \tag{4.68}$$

と表わして, (4.63) に類似した表式

$$G^R(x, t; x_0, t_0) = -i\,\theta(t - t_0) \sum_i \phi_i^*(x_0)\phi_i(x)\, e^{-i\varepsilon_k(t-t_0)/\hbar} \tag{4.69}$$

を得る. これはファインマン核を固有関数で展開した表式 (2.48) に対応したものとなっている.

4.5 コヒーレント状態経路積分

これまでの章でファインマン核を位置と時間の関数として求めて来たが, コヒーレント状態呼ばれる状態を用いた別の表現方法もある.

コヒーレント状態 $|z\rangle$ は, 前節で導入した消滅演算子 a の固有関数として定義される[*13]. すなわち,

$$a|z\rangle = z|z\rangle \tag{4.70}$$

という式を満たす.

コヒーレント状態は互いに直交しておらず, 過剰完全系を形成している. また a はエルミート演算子ではないので, 固有値 z は実数には限られず, 一般には複素数である. 内積は

[*12] $G^R(k, \omega)$ の極が下半平面にあることは, 電子波の時間についての伝播方向と関係している. (5.2) 式や (7.20) 式およびそこでの記述を参照のこと.

[*13] コヒーレント状態の性質については, 後のノート 4-1 を参照のこと.

4.5 コヒーレント状態経路積分

$$\langle z|z'\rangle = e^{-|z|^2/2-|z'|^2/2+z^*z'} \tag{4.71}$$

で与えられる. しかし, 完備性

$$\int \frac{d^2z}{\pi} |z\rangle\langle z| = \mathbf{1} \tag{4.72}$$

は満たしているので, これを利用してコヒーレント状態を用いた経路積分公式を導くことができる. すなわち, 2 章で行ったのと同様の手順により, 時間発展演算子を微小区間の積に分けて各時刻に恒等演算子 (4.72) 式を挿入する. これにより, ファインマン核は

$$K(z, t; z_0, t_0) = \langle z|e^{-i\mathcal{H}t/\hbar}|z_0\rangle$$

$$= \prod_{j=1}^{N-1} \int \frac{d^2z_j}{\pi} \langle z|e^{-i\mathcal{H}\epsilon/\hbar}|z_{N-1}\rangle\langle z_{N-1}|e^{-i\mathcal{H}\epsilon/\hbar}|z_{N-2}\rangle \cdots \langle z_1|e^{-i\mathcal{H}\epsilon/\hbar}|z_0\rangle$$

$$= \prod_{j=1}^{N-1} \int \frac{d^2z_j}{\pi} \langle z|z_{N-1}\rangle\langle z_{N-1}|z_{N-2}\rangle \cdots \langle z_1|z_0\rangle e^{-i\epsilon \sum_{j=1}^{N-1} \mathcal{H}_j/\hbar}$$

$$= \prod_{j=1}^{N-1} \int \frac{d^2z_j}{\pi} e^{-i\epsilon \sum_{j=1}^{N-1} \{-(1/2)(z_j^*\dot{z}_{j-1}-\dot{z}_j^*z_{j-1})-\omega(z_jz_{j-1}+1/2)\}} \tag{4.73}$$

と求められる.

4.5.1 フェルミ系

コヒーレント状態を用いた経路積分法でフェルミ粒子を扱うためには, 同一の状態に複数の粒子は存在できないというパウリの排他原理を考慮しなければならない. そのためにはグラスマン数という非可換な数を導入しなければならない. 詳細は巻末の参考文献 [4], [5], [6] などを参照してほしい.

ノート4-1 コヒーレント状態の性質

コヒーレント状態 $|z\rangle$ は消滅演算子の固有関数で, z を複素数として

$$a|z\rangle = z|z\rangle$$

で定義される[*14].

コヒーレント状態の具体的な表示を求めるには, (4.36) の第 2 式

$$a^\dagger |n\rangle = \sqrt{n+1}\, |n+1\rangle$$

のエルミート共役を取り, そこに $|z\rangle$ を掛けて

$$\langle n|a|z\rangle = \sqrt{n+1}\, \langle n+1|z\rangle$$

すなわち

$$\langle n+1|z\rangle = \frac{z}{\sqrt{n+1}} \langle n|z\rangle$$

を順次用いて

$$\langle n|z\rangle = \frac{z^n}{\sqrt{n!}} \langle 0|z\rangle$$

という関係を導く. この式に状態 $|n\rangle$ の完備性を用いて

$$|z\rangle = \sum_{n=0}^{\infty} |n\rangle\langle n|z\rangle = \langle 0|z\rangle \sum_{n=0}^{\infty} \frac{z^n}{\sqrt{n!}} |n\rangle$$

という表現を得る. さらにコヒーレント状態 $|z\rangle$ に規格化条件を課すと

$$\langle z|z\rangle = |\langle 0|z\rangle|^2 \sum_{n,m} \frac{z^n z^{*m}}{\sqrt{n!m!}} \langle n|m\rangle = |\langle 0|z\rangle|^2 e^{|z|^2} = 1$$

であるので, $\langle 0|z\rangle = e^{-|z|^2/2}$. 従って規格化されたコヒーレント状態は

$$|z\rangle = e^{-|z|^2/2} \sum_{n=0}^{\infty} \frac{z^n}{\sqrt{n!}} |n\rangle \qquad (\natural)$$

[*14] コヒーレント状態については, 巻末の参考文献 [15] が詳しい.

4.5 コヒーレント状態経路積分

と表わされる.これから分かるようにコヒーレント状態は様々な量子数を持つ調和振動子の固有関数の重ね合わせになっている.またこれは

$$|z\rangle = e^{-|z|^2/2} \sum_{n=0}^{\infty} \frac{(za^\dagger)^n}{n!}|0\rangle = e^{-|z|^2/2 + za^\dagger}|0\rangle = e^{za^\dagger - za}|0\rangle$$

とも変形できる.ただし最後の変形には (2.18) 式を用いた.

コヒーレント状態間の内積は (♯) 式を用いて

$$\langle z|z'\rangle = e^{-|z|^2/2 - |z'|^2/2} \sum_{n,m} \frac{z^{*n} z'^m}{\sqrt{n!m!}} \langle n|m\rangle$$

$$= e^{-|z|^2/2 - |z'|^2/2 + z^* z'}$$

と計算でき,従ってコヒーレント状態は互いに直交していないことがわかる.一方

$$\int |z\rangle\langle z| d^2z = \sum_{n,m} \frac{|m\rangle\langle n|}{\sqrt{n!m!}} \int d^2z\, e^{-|z|^2} z^m z^{*n} = \pi \sum_n |n\rangle\langle n| = \pi$$

が成り立つので[*15],完備性関係 (4.72) が得られる.これらの関係から,コヒーレント状態は過剰系をなしていることがわかる.

コヒーレント状態の波動関数を求めるために,先の (♯) 式を

$$|z\rangle = e^{-|z|^2/2}\left(|0\rangle + z|1\rangle + \frac{z^2}{\sqrt{2!}}|2\rangle + \frac{z^3}{\sqrt{3}}|3\rangle \cdots\right)$$

と書いて x-表示を取ると

$$\psi_z(x) \equiv \langle x|z\rangle = e^{-|z|^2/2}\left(\phi_0(x) + z\phi_1(x) + \frac{z^2}{\sqrt{2!}}\phi_2(x) + \frac{z^3}{\sqrt{3}}\phi_3(x) \cdots\right)$$

となるが,これは (4.13) 式で $t = 0$ としたものと同じである.これから分かるように,コヒーレント状態は 4.2 節で記した振動する波束状態と同一のものである.ちょうど z が (4.14) 式の $\xi_0/\sqrt{2}$ に相当している.つまりコヒーレント状態の波動関数 $\psi_z(x)$ は調和振動子の $n = 0$ の状態の波動関数を $\sqrt{\frac{2\hbar}{m\omega}}z$ だけ変位させたものになっているのである.

[*15] z についての積分は極座標に直すと実行できる.

なお, ここでの導出はコヒーレント状態の時間依存性を無視したものとなっているが, 各固有状態の時間依存性 $e^{-iE_n t/\hbar}$ を挿入すれば, (4.14) と全く同じ時間依存性を持って振動する波束が得られる. ただし, z は複素数である点で 4.2 節の議論とは異なっている.

第5章

エネルギー表示

前章までは時間の関数としてのファインマン核を取り扱って来たが,この章ではエネルギーの関数としてのファインマン核の性質を調べる.

時間表示のファインマン核は電子波の時間変化を記述するものであったが,一方エネルギー表示のファインマン核を考えることは,運動する電子波のコヒーレンスを考えることに相当している.またこれはシュレーディンガー方程式の定常解を求めること(いわゆる固有値問題)とも密接に関連していることが明らかになるだろう.

5.1 エネルギー表示のファインマン核と状態密度

エネルギー E の関数としてのファインマン核を

$$K(x, x_0; E) = \frac{1}{i\hbar} \int_0^\infty e^{iE(t-t_0)/\hbar} K(x, t; x_0, t_0) \, d(t - t_0) \tag{5.1}$$

で定義する.これがどのような物理的意味を持つかは,この章の議論で明らかになる.

(5.1)式にファインマン核の表式 (2.9) を代入してみる.すると

$$K(x, x_0; E) = \frac{1}{i\hbar} \int_0^\infty dt \, \langle x | e^{i(E-\mathcal{H}+i\epsilon)t/\hbar} | x_0 \rangle$$

$$= \langle x | \frac{1}{E - \mathcal{H} + i\epsilon} | x_0 \rangle \tag{5.2}$$

を得る. ただし, 積分の際に $t \to \infty$ での発散を防ぐためにエネルギーに微小な虚数部 ϵ を加えた. ϵ は後でゼロにすることにする. この処方は, 4 章で遅延グリーン関数を紹介した際に述べたように, 時間につれての電子波の運動を記述することに対応している. (ϵ の符号が逆なら時間をさかのぼる運動に対応する.)(5.2) 式にハミルトニアンの固有関数系 ϕ_i の完備性関係を挿入すると

$$K(x, x_0; E) = \sum_{i,i'} \langle x|\phi_i\rangle\langle\phi_i| \frac{1}{E - \mathcal{H} + i\epsilon} |\phi_{i'}\rangle\langle\phi_{i'}|x_0\rangle$$

$$= \sum_i \frac{\phi_i(x)\,\phi_i^*(x_0)}{E - E_i + i\epsilon} \tag{5.3}$$

という表式を得る. ここで, $\langle\phi_i|\mathcal{H}|\phi_{i'}\rangle = E_i \delta_{i,i'}$ と $\langle x|\phi_i\rangle = \phi_i(x)$ を用いた. これは (2.48) 式を (同じように収束因子 ϵ を入れて) 時間に関してフーリエ変換したものと一致する. この式から $K(x, x_0; E)$ は $E = E_i - i\epsilon$ で発散することがわかる. すなわち, エネルギー表示したファインマン核の極が粒子のエネルギーを与え, そこでの留数が固有関数になる, ということを示している[*1].

ここで公式

$$\lim_{\epsilon \to 0} \frac{1}{x \pm i\epsilon} = \lim_{\epsilon \to 0}\left[\frac{x}{x^2 + \epsilon^2} \mp i\frac{\epsilon}{x^2 + \epsilon^2}\right] = P\frac{1}{x} \mp i\pi\delta(x) \tag{5.4}$$

(P は関数の主値を表わす) を用いると, エネルギー表示のファインマン核の対角成分の虚数部は

$$-\frac{1}{\pi}\mathrm{Im}\,K(x, x; E) = \sum_i |\phi_i(x)|^2 \delta(E - E_i) \tag{5.5}$$

となる. 状態密度が

$$\rho(E) = \sum_i \delta(E - E_i) \tag{5.6}$$

[*1] 時間によらないシュレーディンガー方程式 $(E - \mathcal{H})\psi(x) = 0$ の逆演算子 $(E - \mathcal{H})^{-1}$ の行列要素としてグリーン関数を,

$$G(x, x_0; E) = \langle x|(E - \mathcal{H})^{-1}|x_0\rangle$$

と定義する方法もある. ここに固有状態の完備性を挿入して (5.3) と同等の式を得ることができる.

で定義されるものであり, $|\phi_i(x)|^2$ が位置 x に電子を見出す確率であることを考えると (5.5) 式は, 位置 x における局所的な状態密度と見なされるものである. 従って, (5.5) 式を x で積分すると, 状態密度が

$$\rho(E) = \sum_i \delta(E - E_i) = -\frac{1}{\pi} \mathrm{Im}\, \mathrm{Tr}\, [K(x', x; E)] \tag{5.7}$$

とファインマン核の虚数部で表わされる. ただし $\mathrm{Tr}\,[\cdots]$ は行列の対角和[*2]

$$\mathrm{Tr}\,[\cdots] = \int dx \langle x|\cdots|x\rangle \tag{5.8}$$

を意味する.

以上の扱いからわかるように, エネルギー表示のファインマン核は状態密度, 固有関数といった量と結びついているのである. 5.3 節でこのことについてさらに考察することにする.

5.2 停留位相近似

3 章で導いた WKB 近似のファインマン核をエネルギー表示に変換することを考えよう. (5.1) 式に (3.16) 式を代入すると,

$$K(x, x_0; E) = \frac{1}{i\hbar} \int_0^\infty \sqrt{\frac{i}{2\pi\hbar} \frac{\partial^2 S_{cl}}{\partial x \partial x_0}}\, e^{i[Et + S_{cl}(x,t;x_0,0)]/\hbar - in\pi/2}\, dt \tag{5.9}$$

となる. ただし初期時刻は $t_0 = 0$ とした. この式の時間積分を評価するのに停留位相近似とか鞍点法などと呼ばれている方法を用いる.

この方法の要点は, (5.9) 式のような

$$\int e^{if(x)/\hbar} dx \tag{5.10}$$

という形の積分を求める場合, 関数 $f(x)$ が $x = a$ で極値を持つならば, 積分への寄与はほとんどこの点の付近から来る, ということにある. というのは, $\hbar$ が非常に小さい量であるために $x = a$ から離れた点では被積分関数は激しく振

[*2] 今の場合は x, x' が行列の index である.

動して,積分すると互いに打ち消し合ってゼロになってしまうためである.そこで関数 $f(x)$ を $x = a$ のまわりでテイラー展開し,積分の範囲を $-\infty \sim \infty$ に拡張することで,積分は

$$\int e^{if(x)/\hbar} dx \simeq \int e^{i[f(a)+f'(a)(x-a)+\frac{1}{2}f''(a)(x-a)^2]/\hbar} dx$$

$$\simeq e^{if(a)/\hbar} \int_{-\infty}^{\infty} e^{\frac{i}{\hbar}\frac{1}{2}f''(a)(x-a)^2} dx$$

$$= \sqrt{\frac{2\pi i\hbar}{f''(a)}} e^{if(a)/\hbar} \tag{5.11}$$

と評価できる.停留点では 1 次の微係数はゼロであること用いてあり,最後の積分は公式 (2.31) を用いて行った. $x = a$ という点は複素平面上で鞍点となっているため,この方法は鞍点法とも呼ばれる.

この方法を用いて (5.9) 式の時間積分を行う.指数関数の中身の関数が極値を取る条件

$$\frac{\partial}{\partial t}[Et + S_{cl}(x,t;x_0,0)] = 0 \tag{5.12}$$

すなわち

$$E = -\frac{\partial S_{cl}(x,t;x_0,0)}{\partial t} \tag{5.13}$$

を満たす t からの積分への寄与が支配的であるので[*3],それを t_α と書き,

$$W(x,x_0;E) = Et_\alpha + S_{cl}(x,t_\alpha;x_0,0) \tag{5.14}$$

という関数を導入する.

さらに, t_α のまわりで作用 S_{cl} を $t - t_\alpha$ について 2 次の項まで展開すると,(5.11) 式を導いたのと同様に

$$i\hbar K(x,x_0;E) \simeq \int_0^\infty \sqrt{\frac{i}{2\pi\hbar}\frac{\partial^2 S_{cl}}{\partial x \partial x_0}} e^{(i/\hbar)[W+(1/2)(\partial^2 S_{cl}/\partial t^2)(t-t_\alpha)^2]-in\pi/2} dt$$

[*3] これは 3.2 節でヴァン ヴレック行列式を導入したときに示した関係 (3.31) 式と同じである.

5.2 停留位相近似

$$\simeq \sqrt{\frac{i}{2\pi\hbar}\frac{\partial^2 S_{cl}}{\partial x \partial x_0}} e^{iW/\hbar - in\pi/2} \int_{-\infty}^{\infty} e^{(i/\hbar)[(1/2)(\partial^2 S_{cl}/\partial t^2)(t-t_\alpha)^2]} dt$$

$$= \left| \frac{\partial^2 S_{cl}/\partial x \partial x_0}{\partial^2 S_{cl}/\partial t^2} \right|^{1/2} e^{iW(x,x_0;E)/\hbar - in\pi/2}$$

$$= \left| \begin{array}{cc} \dfrac{\partial^2 W}{\partial x \partial x_0} & \dfrac{\partial^2 W}{\partial x_0 \partial E} \\ \dfrac{\partial^2 W}{\partial x \partial E} & \dfrac{\partial^2 W}{\partial E^2} \end{array} \right|^{1/2} e^{iW(x,x_0;E)/\hbar - in\pi/2} \tag{5.15}$$

という表式を得る. ここで3行目への変形はガウス積分を実行し, 4行目へは後のノート5-2に示すような式の変形を行った.

W は簡約された作用と呼ばれる量で, (3.54) 式の W_0 と同じものであることが, 以下のようにして示される.

式 (5.13) のエネルギー E をハミルトニアン $\mathcal{H}(p,x)$ に置き変える. さらに, (3.29) 式で示したように, 運動量は $p = \partial S_{cl}/\partial x$ で与えられることに注意すると, ハミルトン-ヤコビの方程式

$$-\frac{\partial S_{cl}}{\partial t} = \mathcal{H}\left(\frac{\partial S_{cl}}{\partial x}, x\right) \tag{5.16}$$

を得る[*4]. ハミルトン-ヤコビの方程式に停留位相の条件

$$\frac{\partial W}{\partial t} = E + \frac{\partial S_{cl}}{\partial t} = 0 \tag{5.17}$$

と関係式

$$\frac{\partial W}{\partial x} = \frac{\partial S_{cl}}{\partial x} \tag{5.18}$$

を用いて

$$E = \mathcal{H}\left(\frac{\partial W}{\partial x}, x\right) = \frac{1}{2m}\left(\frac{\partial W}{\partial x}\right)^2 + V(x) \tag{5.19}$$

[*4] (3.42) 式を参照のこと.

を得る. これより

$$\frac{\partial W}{\partial x} = \sqrt{2m(E - V(x))} \tag{5.20}$$

を積分して

$$W(x, x_0) = \int_{x_0}^{x} \sqrt{2m(E - V(x'))}\, dx' \tag{5.21}$$

を得る. これは (3.54) に一致している.

3.3 節で述べたように, WKB 近似では時間に依存しない波動関数を (3.45) 式

$$u(x) = A e^{iW(x)/\hbar}$$

のように表わしたが, ここに現れた関数 $W(x)$ がエネルギー表示のファインマン核を停留位相近似で評価すると現れるのである[*5].

(5.21) 式を用いて (5.15) を書き換える. (5.21) 式を微分して

$$\frac{\partial^2 W}{\partial x_0 \partial E} = -\sqrt{\frac{m/2}{[E - V(x_0)]}}$$

$$\frac{\partial^2 W}{\partial x \partial E} = \sqrt{\frac{m/2}{[E - V(x)]}}$$

$$\frac{\partial^2 W}{\partial x \partial x_0} = 0 \tag{5.22}$$

という関係が成り立つことがわかるので, エネルギー表示のファインマン核 (5.15) は

$$K(x, x_0; E) = \frac{1}{i\hbar} \sqrt{\frac{m/2}{[E - V(x_0)]^{1/2}[E - V(x)]^{1/2}}}\, e^{(i/\hbar)\int_{x_0}^{x} \sqrt{2m[E-V(x')]}\, dx' - in\pi/2} \tag{5.23}$$

と表わされることがわかる.

[*5] 正確には $W(x)$ を $\hbar$ のべき級数に展開したときの初項.

ノート 5-1 停留位相近似の例 (スターリングの公式の導出)

停留位相近似の例として 1 章で用いたスターリングの公式を導く[*6].
実数 x の階乗はガンマ関数で書けることを用いて

$$x! = \Gamma(x+1) = \int_0^\infty e^{-t} t^x \, dt = \int_0^\infty e^{-t + x \log t} \, dt$$

と表わす. $t = x\tau$ と積分変数の変換を行うとこの式は

$$x! = x^{x+1} \int_0^\infty e^{-x(\tau - \log \tau)} \, d\tau$$

と変形される. 指数の中の関数 $f(\tau) = \tau - \log \tau$ は $\tau = 1$ に極値を持ち、このまわりで

$$f(\tau) \simeq 1 + \frac{1}{2}(\tau - 1)^2$$

とテイラー展開できる. これを用いると積分はガウス積分になり, 実行できる. その結果,

$$x! \simeq x^{x+1} \int_0^\infty e^{-x[1 + \frac{1}{2}(\tau-1)^2]} \, d\tau$$

$$\simeq x^{x+1} e^{-x} \int_{-\infty}^\infty e^{-\frac{x}{2}(\tau-1)^2} \, d\tau = \sqrt{2\pi} \, x^{x+1/2} e^{-x}$$

というスターリングの公式を得る.

[*6] この例では変数は実数である. このような場合はラプラスの方法とも呼ばれている.

ノート 5-2 (5.15) 式の導出

W の定義

$$W(x, x_0; E) = S_{cl}(t) + Et$$

の両辺をエネルギーおよび位置で微分して

$$\frac{\partial W}{\partial E} = t \qquad (*)$$

$$\frac{\partial W}{\partial x_0} = \frac{\partial S_{cl}}{\partial x_0}, \qquad \frac{\partial W}{\partial x} = \frac{\partial S_{cl}}{\partial x} \qquad (**)$$

を得る. $(**)$ 式をもう一度位置で微分すると

$$\frac{\partial^2 S_{cl}}{\partial x_0 \partial x} = \frac{\partial}{\partial x_0}\left(\frac{\partial S_{cl}}{\partial x}\right) = \frac{\partial}{\partial x_0}\left(\frac{\partial W}{\partial x}\right)$$

$$= \left.\frac{\partial^2 W}{\partial x_0 \partial x}\right|_E + \frac{\partial^2 W}{\partial x \partial E}\frac{\partial E}{\partial x_0}$$

$$= \left.\frac{\partial^2 W}{\partial x_0 \partial x}\right|_E - \frac{\partial^2 W}{\partial x \partial E}\frac{\partial}{\partial x_0}\left(\frac{\partial S_{cl}}{\partial t}\right)$$

$$= \left.\frac{\partial^2 W}{\partial x_0 \partial x}\right|_E - \frac{\partial^2 W}{\partial x \partial E}\frac{\partial}{\partial t}\left(\frac{\partial S_{cl}}{\partial t}\right)\frac{\partial t}{\partial x_0}$$

$$= \left.\frac{\partial^2 W}{\partial x_0 \partial x}\right|_E - \frac{\partial^2 W}{\partial x \partial E}\frac{\partial^2 W}{\partial x_0 \partial E}\frac{\partial^2 S_{cl}}{\partial t^2}$$

を得る. ここで $\left.\dfrac{\partial^2 W}{\partial x_0 \partial x}\right|_E$ 等はエネルギーを固定して微分することを表わす. また, $(*)$ 式をエネルギーで微分すると, (5.13) 式の関係を使って

$$\frac{\partial^2 W}{\partial E^2} = \frac{\partial t}{\partial E} = \left(\frac{\partial E}{\partial t}\right)^{-1} = -\left(\frac{\partial^2 S_{cl}}{\partial t^2}\right)^{-1}$$

を得る.

5.2 停留位相近似

以上の式を用いて (5.15) 式の第 3 行の因子は

$$\frac{\partial^2 S_{cl}/\partial x \partial x_0}{\partial^2 S_{cl}/\partial t^2} = \frac{\partial^2 W}{\partial x \partial x_0} \frac{\partial^2 W}{\partial E^2} - \frac{\partial^2 W}{\partial x \partial E} \frac{\partial^2 W}{\partial x_0 \partial E}$$

$$= \begin{vmatrix} \dfrac{\partial^2 W}{\partial x \partial x_0} & \dfrac{\partial^2 W}{\partial x_0 \partial E} \\ \dfrac{\partial^2 W}{\partial x \partial E} & \dfrac{\partial^2 W}{\partial E^2} \end{vmatrix}$$

と書ける.

例題 5-1 1 次元の自由粒子

自由粒子に対するファインマン核は 2 章の例題 2-1 の (∗) 式で与えられる. これをエネルギー表示に直して

$$K(x, x_0; E) = \frac{1}{i\hbar} \int_{t_0}^{t} d\tau \sqrt{\frac{m}{2\pi i\hbar\tau}} e^{\frac{i}{\hbar}\left[E\tau + \frac{m(x-x_0)^2}{2\tau}\right]}$$

この積分を停留位相近似で求める. まず

$$\frac{\partial}{\partial \tau}\left[E\tau + \frac{m(x-x_0)^2}{2\tau}\right] = 0$$

を満たす τ を τ_α と書くと

$$\tau_\alpha = \sqrt{\frac{m}{2E}}(x - x_0)$$

を得る. $\sqrt{\dfrac{2E}{m}}$ は粒子の速度なので, この式は, 停留位相近似では時間 τ_α と進行距離 $x - x_0$ の間に古典力学に基づく簡単な関係, すなわちこの自由粒子の場合では, エネルギーが E の等速直線運動の関係

$$\tau_\alpha = \frac{(x - x_0)}{v}$$

もしくは

$$E = \frac{m}{2}\left(\frac{x-x_0}{\tau_\alpha}\right)^2$$

が置かれていることを示している.

これを用いて, 関数 W とエネルギー表示のファインマン核が

$$W(x,x_0;E) = E\tau_\alpha + \frac{m(x-x_0)^2}{2\tau_\alpha} = \sqrt{2mE(x-x_0)^2}$$

$$K(x,x_0;E) \simeq \frac{1}{i\hbar}\sqrt{\frac{m}{2\pi i \tau_\alpha}}\, e^{iW/\hbar} \int_{-\infty}^{\infty} d\tau\, e^{\frac{i}{\hbar}\frac{m(x-x_0)^2}{2\tau_\alpha^3}(\tau-\tau_\alpha)^2}$$

$$= \frac{1}{i\hbar}\sqrt{\frac{m}{2E}}\, e^{(i/\hbar)\sqrt{2mE(x-x_0)^2}}$$

と求められる. ちなみに, これは 1 次元のヘルムホルツ方程式の伝播関数 (2 章のノート 2-1 参照) と数因子を除いて同じものである.

図 5.1 にいくつかのエネルギーの値に対して求めた $K(x,x_0;E)$ を示した. 上の式からわかるように, 基本的にこの関数は, 波数が $\sqrt{2mE}/\hbar$ の平面波である. 従って, 粒子のエネルギーが大きいほど波長が短くなっている. 一方, E が

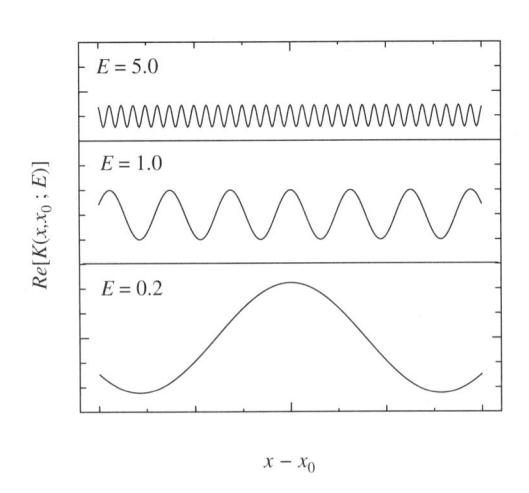

図 5.1 エネルギー表示のファインマン核 (自由粒子).

大きいほどその振幅は小さい。これは，高エネルギーの粒子は速く進むことに対応している。古典的には，粒子を位置 x に観測する確率は粒子の速度に反比例しているのである。この点については，8章でまたふれる.

5.3 電子波のコヒーレンス — 残像という見方

5.1 節で，エネルギー表示のファインマン核が状態密度と結びついていることを示した。この結果に数学的な便宜以上の意味があるのだろうか？このことを考えるために，電子波のコヒーレンスということについて考察する.

電子状態の時間発展は，ファインマン核を使って

$$\psi(x,t) = \int K(x,t;x_0,t_0)\psi(x_0,t_0)\,dx_0 \tag{5.24}$$

と表わされることは 2 章で述べた通りである。今，時間につれて変化してゆく波動関数の

$$\chi(x,t) \simeq \int^t \psi(x,t')\,dt' \tag{5.25}$$

のような重ね合わせを作ることを考えてみる。つまり，時間発展する波動関数の一定時間にわたる和を考えるのである。ただし，電子波は時間に依存した位相因子を持っているので，それを時間ごとに勝手には取らないものとしておく。そうでないと (5.25) 式のような重ね合わせに意味を持たせることはできなくなってしまう。このように，各時刻での電子波の相対的な位相関係が保たれることをコヒーレンス，そのような電子波の運動をコヒーレントな運動という.

$|\psi(x,t)|^2$ が時刻 t に位置 x に電子が観測される確率であることから，$|\chi(x,t)|^2$ は，ある一定時間の間に電子が位置 x に観測される確率とみなせるかもしれない.

しかし，このような単純な解釈はすぐに破綻する。エネルギーの基準点をどのように選んでも物理的現象に変化はないという一般原理と矛盾するのである。波動関数 $\psi(x,t)$ は時間に依存する位相因子を持っており，それは状態

$\psi(x,t)$ のエネルギーを E とすると $e^{-iEt/\hbar}$ と書けるだろう．しかし 2.4 節に記したように，エネルギーの原点を V_0 だけずらすと，状態の持つ時間に関する位相因子は $e^{-i(E+V_0)t/\hbar}$ となり，そのため (5.25) 式のように重ね合わされた関数 $\chi(x)$ は付加定数 V_0 のために全く異なったものになってしまう．V_0 の選び方に物理現象は依らないはずなので，これは明らかに不合理な結果であり，このような関数 $\chi(x,t)$ に物理的な意味を持たせることはできないだろう．

では，物理的に意味があるように電子波のコヒーレンスを考慮するにはどうすれば良いだろうか．これに対する一つの処方として，(5.25) 式のような重ね合わせを作る際には状態の持つエネルギーをつねにエネルギー軸の原点に選ぶ，と約束しておくということが考えられる[*7]．つまり，(5.25) 式の代わりに

$$\chi_E(x,t) = \int^t e^{iEt'/\hbar}\psi(x,t')\,dt' \tag{5.26}$$

という重ね合わせを考えるのである．このようにしておけば，新たに付け加えた因子 $e^{iEt'/\hbar}$ は $\psi(x,t')$ の持つ時間位相因子をちょうど打ち消すので，エネルギーの原点をどのように選んでも波動関数を重ね合わせた結果は変化しないことになる．

これは対処療法的な処置に見えるかもしれない．しかし，実際にこの方法から物理的に意味のある結果が導かれることは次の様にしてわかる．(5.26) 式に (5.24) 式を代入してみよう．時間についての積分範囲も明示して

$$\begin{aligned}\chi_E(x,t) &= \int_{t_0}^t e^{iEt'/\hbar}\psi(x,t')\,dt' \\ &= \int dx_0 \left[\int_{t_0}^t dt'\, e^{iEt'/\hbar} K(x,t';x_0,t_0)\right]\psi(x_0,t_0)\end{aligned} \tag{5.27}$$

$t-t_0 \to \infty$ では，時間についての積分から (5.1) 式で定義したエネルギー表示のファインマン核が出て

$$\chi_E(x) = i\hbar \int dx_0\, K(x,x_0;E)\psi(x_0,t_0) \tag{5.28}$$

[*7] 状態ベクトルから無関係な位相因子を取り除くという意味で，これは相互作用描像に立っていることに相当する．

5.3 電子波のコヒーレンス ― 残像という見方

となる.すなわち,電子波のコヒーレンスという観点に立てば,エネルギー表示のファインマン核とは時間発展する電子波の無限に長い時間に渡るコヒーレントな重ね合わせを記述するものだと見ることができるのである.しかし無限の時間に渡って電子波のコンスタントな運動が続くというのは理想的な場合であり,現実の電子波は擾乱を受けて状態を変えながら運動する.したがって実際の電子の運動を考えると,理想化されたエネルギー表示よりもむしろ (5.26) 式のような有限時間での重ね合わせを考える方が自然である.

では,関数 $\chi_E(x,t)$ はどのような性質を持っているのであろうか.それを調べるには,固有関数を用いたファインマン核の表式 (2.48) を (5.27) 式に代入してみればよい.その結果

$$\chi_E(x,t) = \sum_i \int \phi_i^*(x_0)\psi(x_0,t_0)\,dx_0 \int_{t_0}^{t} e^{i(E-E_i)(t'-t_0)/\hbar}\,dt'\,\phi_i(x)$$

$$= \sum_i A_i \int_{t_0}^{t} e^{i(E-E_i)(t'-t_0)/\hbar}\,dt'\,\phi_i(x) \qquad (5.29)$$

という表式を得る.ここで,A_i は

$$A_i = \int \phi_i^*(x_0)\psi(x_0,t_0)\,dx_0 \qquad (5.30)$$

で,これは初期状態と i 番目の固有関数との重なり積分である.$t-t_0 \to \infty$ では

$$\int_0^{\infty} e^{i(E-E_i)t'/\hbar}\,dt' = \pi\hbar\delta(E-E_i) \qquad (5.31)$$

であるから,充分長い時間が経つと

$$\lim_{t\to\infty}\chi_E(x,t) = \pi\hbar\sum_i A_i\,\delta(E-E_i)\,\phi_i(x)$$

$$\propto \begin{cases} \phi_i(x) & (E=E_i) \\ 0 & (その他) \end{cases} \qquad (5.32)$$

という関係を得る.(重要でない位相因子は除いた.)

この式 (5.32) は,時間発展する状態 $\psi(x,t)$ のエネルギーが固有エネルギー

のどれかひとつに等しいとき, $\psi(x,t)$ をコヒーレントに重ね合わせたものはそのエネルギーに対応した固有関数に近づいて行くことを示している. また同時に, $\psi(x,t)$ のエネルギーがどの固有エネルギーとも異なるときには, $\chi_E(x,t)$ は減衰してその振幅はゼロとなってしまうこともわかる.

　以上のことから, 固有状態とは運動している状態の長い時間にわたってのコヒーレントな重ね合わせである, との見方ができる. 固有状態を観測することは, いわば電子波の残像を見ることと言えるだろう. このような見方に立てば, ポテンシャルにより有限領域に閉じ込められた電子の状態が離散準位となるのは, 長時間にわたる電子波の自己干渉の結果, 互いに強め合うような条件が満たされるときだけ状態が残るからである.

　また

$$\langle \chi_E(x,t)|\chi_E(x,t)\rangle = \int dx |\chi_E(x,t)|^2$$
$$= \sum_i |A_i|^2 \int dx |\phi_i(x)|^2 4\hbar^2 \frac{\sin^2[(E-E_i)t/2\hbar]}{(E-E_i)^2} \qquad (5.33)$$

という量を考えると, $t \to \infty$ では

$$\lim_{t\to\infty}\langle \chi_E(x,t)|\chi_E(x,t)\rangle = 2\pi\hbar \sum_i |A_i|^2 \delta(E-E_i)\, t \qquad (5.34)$$

となるが, この右辺はいくつかの因子を除いて状態密度の表式 (5.6) に類似していることがわかる.

　そこで

$$\rho(E,t) \equiv \frac{1}{2\pi\hbar t}\langle \chi_E(x,t)|\chi_E(x,t)\rangle$$
$$\xrightarrow[t\to\infty]{} \sum_i |A_i|^2 \delta(E-E_i) \qquad (5.35)$$

という量を導入し, これを "電子波の運動による状態密度" と呼ぶことにする. 電子波がポテンシャルの中で動き回るとき, その重ね合わせにより状態 $\chi_E(x,t)$

5.3 電子波のコヒーレンス ─ 残像という見方

が形成される.ある場合には $\chi_E(x,t)$ は固有状態へと近づき,またある場合は減衰する.そのような時間的に変化していく状態のエネルギー当たりの密度が $\rho(E,t)$ である.充分に長い時間が経つと,$\rho(E,t)$ は(因子 A_i を除いて)通常の意味の状態密度の表式に近づく.因子 A_i は上で述べたように,初期状態と各固有関数との重なり積分であり,この因子があるために普通にいう状態密度とは完全に一致しない.ここで述べた考え方では,電子状態というものを電子波のコヒーレントな運動によって形成されるものと捉えているので,単一の電子だけを考えている場合には初期時刻に電子がどのような状態にあったかということに依存する因子が入るのである[*8].

コヒーレンスの問題はもう少し違った面からとらえることもできる.(5.25)式に(2.48)式を代入してみる.和と積分の順序を変えて

$$\psi(x,t) = \sum_i \tilde{A}_i e^{-iE_it/\hbar} \phi_i(x) = \sum_i \tilde{A}_i \phi_i(x,t) \tag{5.36}$$

を得る.ただし $\tilde{A}_i$ は

$$\tilde{A}_i = A_i e^{iE_it_0/\hbar} \tag{5.37}$$

である.(5.36)式は,状態 $\psi(x,t)$ を固有関数で展開した表式になっていることがわかる.(5.36)式のような展開は,各固有状態間の位相差が固定されているので,これを固有関数のコヒーレントな重ね合わせとよぶこともある.良く知られているように,ハミルトニアンの固有関数系は完全系をなしているので任意の関数は固有関数を用いて展開することができる.この時,状態の時間発展は,それぞれの固有関数が持つ時間依存性 $e^{-iE_it/\hbar}$ を使って記述される.4.2節で調和振動子の固有関数を重ね合わせて振動する波束を構成したが,それはここに記したことの例になっているのである.

[*8] この因子は,初期状態についての平均を取ることで消去できる.というのは,初期状態を指定することなしに,それぞれ独立な多数の電子の運動を考えてみると,統計的な振る舞いは(5.35)式をそれぞれの電子が取る初期状態について平均したもので与えられると考えてよいだろう.したがって,あらゆる初期状態が完全系を成しているとすれば $\langle |A_i|^2 \rangle = 1$ が成り立つので,(5.35)式の $\rho(E,t)$ は(アンサンブルを記述するという意味での)状態密度になるのである.

運動する状態を固有関数の重ね合わせで表現することと，運動している状態のコヒーレントな重ね合わせが固有状態であるという考え方とは，ちょうど逆の見方になっている．両者はフーリエ変換とその逆変換のように数学的には表裏一体である．

しかし，波動関数に対する見方は大きく異なっている．前者の見方では，固有値問題を解いて得られた波動関数が"恒にそこにある電子"を表わしているものと考えているのに対して，後者では，動き回っている電子の姿を見続けることで，過去の姿をも含めた電子の残像が固有関数であると見るのである．

この次の章では後者の考え方に立ち，運動する状態から固有状態が形成される過程の実例を数値計算を交えて記述する．

第6章
電子状態の時間発展と自己干渉による固有状態の形成

　この章では，初期時刻において与えられた波動関数がどのように時間発展し空間内を運動し変化して行くかを，いくつかの簡単な系を例に取り，経路積分法に数値計算を交えて調べることにする．さらに，前章で述べたように，時間変化して行く波動関数のコヒーレントな重ね合わせが系の固有状態へと近づいていくことを示す．

　通常の量子力学的計算において多くの場合，ハミルトニアンの固有値と固有関数を求めることが第一の目的とされる．そのためには，時間によらないシュレーディンガー方程式を解けばよい．状態の時間発展を知りたければ，4.2節で述べたように，初期状態を固有関数の重ね合わせで表わすことで状態の時間変化を記述できる．あるいは，ファインマン核 (グリーン関数) 自体を調べる方法もある．(5.3)式で示したように，エネルギー表示のファインマン核の極から固有値が求まり，そこでの留数が波動関数を与えるし，トレース (対角和) を取ることで状態密度も計算できる．

　しかし，ここではそのような方法は取らずに，与えられたポテンシャルの中で，初期時刻の波動関数がどのように時間発展し，固有状態を形成してゆくのか，ということを経路積分法に基づいて示したい．このような手法では，前章でも述べたように，初期状態の選び方によって結果が少しずつ異なるが，古典力学と量子力学の間のつながりをうまく記述できるし，量子状態が形成されていく過程を可視化することができるという大きな利点がある．従って，この方法は量子力学や波動関数といったものの成り立ちを理解するために役立つも

のと考えている．

この章で示す多くの計算例で，初期状態として速度 k_0/m (運動エネルギー $E = \dfrac{\hbar^2 k_0^2}{2m}$) を持った平面波状態

$$\psi_F(x_0, t_0) = e^{ik_0 x_0} \tag{6.1}$$

もしくは，ガウス型の波束状態

$$\psi_{WP}(x_0, t_0) = \left(\dfrac{\alpha}{\pi}\right)^{1/4} e^{-\frac{\alpha}{2} x_0^2 + ik_0 x_0} \tag{6.2}$$

を用いてある．(6.2) 式で α は波束の広がりを表わすパラメータである．

ガウス波束で α が充分小さい値であれば，$\psi_{WP}(x_0, t_0)$ を大きく広がった平面波状態と見なしても構わない．したがって，波束の時間発展の表式で $\alpha \to 0$ とすると，平面波に対する時間発展の表式が得られる．波束状態に対しての計算は，平面波に対するよりも煩雑で，得られた表式の見通しも悪いのであるが，その一方で電子の実空間での動きを分かりやすく可視化できる利点があるので，この章の多くの図は ψ_{WP} を初期状態として計算した結果を示してある．

6.1 自由粒子

2 章の例題 2-1 で求めたように，自由粒子のファインマン核は

$$K(x, t; x_0, t_0) = \sqrt{\dfrac{m}{2\pi i(t-t_0)}} e^{\frac{i}{\hbar} \frac{m(x-x_0)^2}{2(t-t_0)}} \tag{6.3}$$

である．この表式を用いて x_0 についての積分を行うと，時刻 t での状態を

$$\psi_{WP}(x, t) = \int dx_0 K(x, t; x_0, t_0) \psi_{WP}(x_0, t_0)$$

$$= \left(\dfrac{\alpha}{\pi}\right)^{1/4} \sqrt{\dfrac{i}{1 + i\alpha\hbar(t-t_0)/m}} e^{\dfrac{-\alpha x^2/2 + ik_0 x - i\hbar k_0^2 (t-t_0)/2m}{1 + i\alpha\hbar(t-t_0)/m}}$$

6.1 自由粒子

$$\xrightarrow[\alpha=0]{} e^{ik_0 x - i\frac{\hbar k_0^2}{2m}(t-t_0)} \tag{6.4}$$

と計算できる.

$\alpha \to 0$ とした表式から, 外力が加えられていない場合, 平面波状態の波数は時間によって変化しないこと, 時間が経った後の状態には, 時間に依存する位相因子 $e^{-iE_{k_0}(t-t_0)/\hbar}$ がかかっていることがわかる. これは, すでに 2 章の例題 2-1 で得た結果である.

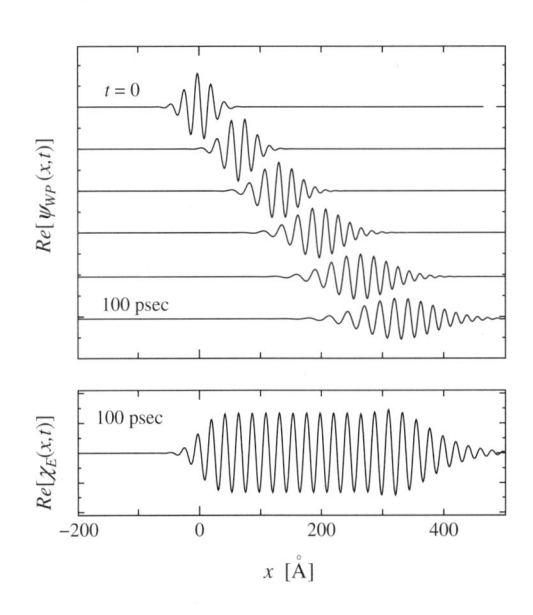

図 6.1 (上) 自由波束の時間発展. 波束は崩れ広がりながらも, 初期速度を保ったまま動き続ける. (下) 運動する波束のコヒーレントな重ね合わせ. 電子波が通過した領域では, 固有関数である平面波になっている.

(6.4) 式で表わされる自由粒子の波束状態の時間発展の様子を図 6.1 に示す. 時刻 $t = 0$ に, 中心が $x = 0$ にあり正の方向に初期速度持つ波束 (運動エネルギーは 0.3 eV, 広がり幅は $\alpha^{-1/2} = 30$ Å とした) を置き, これがどのように変

化して行くかを図示してある.波束は,その中心位置が等速運動を行いながら徐々に広がっていく,という良く知られた振る舞いをすることが見て取れる.

波束が広がるのは,一般的な見方では,波束が様々な波長を持つ平面波の重ね合わせであり,それぞれの平面波の位相速度が異なるために起きる現象であると理解されている.一方,経路積分的な見地に立つならば,波束を構成する各部分が1章で述べたような酔歩を行い,互いに干渉し合いながら空間を広がっていく,との解釈が成り立つ.

図6.1(下)には(5.26)式に従って波束を重ね合わせた結果を示す.波束が通過した空間領域において波数 k_0 の平面波になっていることがわかる.これは(6.4)の最後の表式からも当然予想できることである.平面波は $V(x) = 0$ の場合の固有関数なので,この結果は,運動する状態のコヒーレントな重ね合わせが固有関数を形成していく,ということの最も簡単な例になっているのである.

6.2 一定の外力下の電子

時間・位置によらない外力 F が加えられている場合のファインマン核は

$$K(x, t; x_0, t_0) = \sqrt{\frac{m}{2\pi i\hbar(t-t_0)}} e^{\frac{i}{\hbar}\left[\frac{m(x-x_0)^2}{2(t-t_0)} + \frac{F}{2}(x-x_0)(t-t_0) - \frac{F^2}{24m}(t-t_0)^3\right]} \quad (6.5)$$

である.これを使って,平面波状態の初期状態の時間発展の様子は

$$\psi_F(x, t) = \int dx_0 K(x, t; x_0, t_0) \psi_F(x_0, t_0)$$

$$= e^{i[k_0 + F(t-t_0)]x - i\hbar\int_{t_0}^{t} \frac{(k_0+F\tau)^2}{2m} d\tau} \quad (6.6)$$

と表わすことができる.この表式を導くには少しばかり煩雑な計算が必要であるが,結果は理解しやすいものである.まず,平面波状態の波数が

$$k(t) = k_0 + F(t - t_0) \quad (6.7)$$

と時間につれて増加(または減少)して行くことが分かる.$\hbar k$ は運動量なので,

6.2 一定の外力下の電子

これはよく知られた電場中での電子の加速運動である. また, 時間に依存した位相因子は自由粒子のときのような $e^{-iE_k(t-t_0)/\hbar}$ という形ではなく, エネルギー(もしくは波数)が時間につれて変化するために

$$e^{-(i/\hbar)\int_{t_0}^{t} E_{k(\tau)}d\tau}$$

という, 時間で積分された形になるのである.

初期状態をガウス波束に取って計算した, 状態の時間発展の様子を図 6.2 に示す. 初期波束のパラメータは, 先の自由粒子の場合と同じであるが, ここでは 150 kV/cm の電場が加えられており, そのため電子は加速度運動を行う. 計算で用いたパラメータでは $x = 200$ Å の位置が古典軌道の転回点に相当する. 電子はまず正の方向へと減速しながら進み, 転回点付近で進行方向を変え, その後は負の方向へと速度を速めながら運動する. (古典的には投げ上げられたボールの運動と同じである.) 転回点では電子は静止しているので, それに伴って波長が非常に長くなっている. この場合もやはり波束は時間とともに徐々に広がっていくことがわかる.

さらに, これらの波動関数を式 (5.26) 式のように重ね合わせたものを下の図に示す. 明らかにこれはエアリ関数 (図 6.10 の $Ai(x)$) になっていることが見て取れる[*1]. 図の左の方では関数が乱れ振幅が小さくなっているが, 自由粒子の場合と同じく, この図では有限時間・有限区間の運動を考えているからであり, このような計算では, 電子波が通過していない領域では χ_E は振幅を持たない. 空間的に一様な電場によるポテンシャル中でのシュレーディンガー方程式を解くと, 固有関数としてエアリ関数が得られることが知られている. この結果も先の自由電子の場合と同じく, 5.3 節で述べたように, 固有関数とは運動する状態のコヒーレントな重ね合わせにより形成されるものであるということの例証となっているのである.

[*1] エアリ関数については章末のノートに記した.

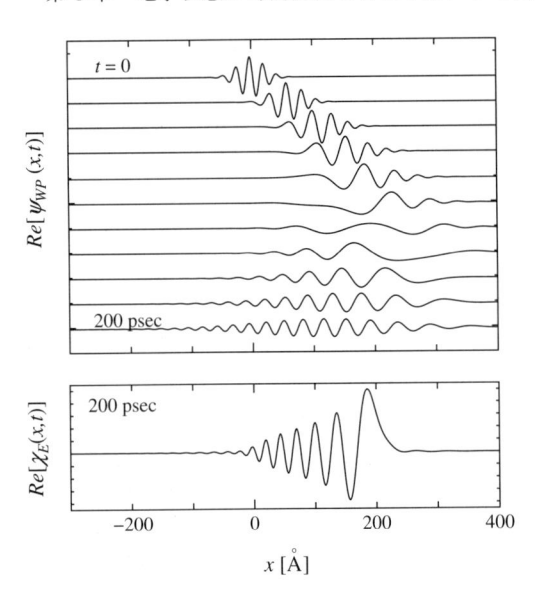

120　第6章　電子状態の時間発展と自己干渉による固有状態の形成

図6.2　(上) 一定の電場中での波束の運動. (下) 一定の電場中で運動する波束の重ね合わせ. これはちょうどエアリ関数になっている.

6.3　調和振動子

6.3.1　離散準位の形成過程

調和ポテンシャルのもとでの電子状態の時間発展は

$$K(x,t;x_0,t_0) = \sqrt{\frac{m\omega}{2\pi i\hbar \sin\omega(t-t_0)}} e^{\frac{i}{\hbar}\frac{m\omega}{2\sin\omega(t-t_0)}[(x^2+x_0^2)\cos\omega(t-t_0)-2xx_0]} \quad (6.8)$$

というファインマン核で記述される[*2]. 波束状態の時間発展を表わす式は

$$\psi_{WP}(x,t) = \int dx_0 K(x,t;x_0,t_0)\psi_{WP}(x_0,t_0)$$

[*2] 4.3節を参照のこと.

6.3 調和振動子

$$= \left(\frac{\alpha}{\pi}\right)^{1/4} \left(\frac{i}{\cos \omega t + i\xi \sin \omega t}\right)^{1/2} \exp\left\{\frac{-\alpha/2[x-x(t)]^2 + ik(t)x + i\eta \sin 2\omega t}{\cos^2 \omega t + \xi^2 \sin^2 \omega t}\right\}, \tag{6.9}$$

で与えられる. ただし $t_0 = 0$ とした. この式で $\xi = \alpha\hbar/m\omega$, $\eta = (\alpha^2 x^2 - k_0^2)/m\omega - m\omega x^2$ である. また $x(t), k(t)$ は

$$x(t) = k_0 \frac{\sin \omega t}{m\omega} \tag{6.10}$$

$$k(t) = k_0 \cos \omega t \tag{6.11}$$

で定義される, 時刻 t での位置と波数で, この式から波束状態は位置, 速度ともに振動していることがわかる.

初期波束の持つ速度は, k_0/m, すなわちこの状態の運動エネルギーは $E = \dfrac{\hbar^2 k_0^2}{2m}$ である. 古典的な振動子と同様に, 電子が原点において持っているこのエネルギーは振動の各時刻において保存されている. このような振動はどんな値のエネルギーの状態についても考えることができることに注意しておく.

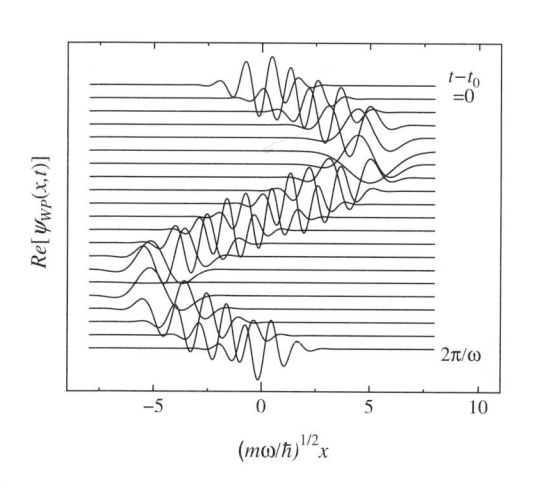

図 6.3 調和ポテンシャル中で振動する波束.

図 6.3 に波束の時間発展の様子を 1 周期にわたって計算した結果を示す. 振動する波束を重ね合わせた

$$\bar{\chi}_E(x,t) = \frac{1}{\sqrt{t-t_0}} \int_{t_0}^{t} e^{iE\tau/\hbar} \psi(x,\tau) \, d\tau \tag{6.12}$$

という関数を考える[*3]. 重ね合わされた状態 $\bar{\chi}_E(x,t)$ の振る舞いは図 6.4 に示されている. まず, 振動子のエネルギーが $E = (3/2)\hbar\omega$ の場合 (図 6.4 (左)) を見てみよう. このエネルギーは, 調和振動子の量子数 $n=1$ の固有エネルギーに相当している. 図 6.3 と対応させて見ると, まず電子は正の方向に動き, それに伴い $x \sim 1$ の付近に $\bar{\chi}_E(x,t)$ のピークが成長する. その後, 位相・波長が変化しながら電子は負の側へと振動し $x \sim -1$ 付近にディップが成長する. 一周期の運動の後には, ほぼ量子数 $n=1$ の固有関数に近いものとなっているのがわかるであろう. これ以上の時間が経過してもこの関数はほとんど変化しない. すなわち $\bar{\chi}_E(x,t)$ は定常的な状態になっているのである.

一方, 少し異なるエネルギー $E = 1.7\hbar\omega$ を持つ状態について各時刻での $\bar{\chi}_E(x,t)$ をプロットすると図 6.4 (右) のようになる. 時間が経過し波束が何度も往復するにつれて, 状態 $\bar{\chi}_E(x,t)$ の振幅は減衰していく. このような振る舞いの原因は, 過去の状態との重ね合わせにより一周期後の状態との間の位相差がゼロなら互いに強め合い, そうでなければ打ち消し合うということにある.

従って, 充分長い時間が経過した後には, 自己干渉によって強められた状態だけが残り, スペクトルは離散的なものになる. このように自己干渉によって強められ残るものが固有状態であり, 時間をかけて干渉により量子準位が形成されるのである[*4][*5].

図 6.5 には, 関数 $\bar{\chi}_E(x,t)$ のノルム $\langle \bar{\chi}_E | \bar{\chi}_E \rangle$ を振動子のエネルギー E の関数として図示してある. 前章で述べたように, (5.33) 式を用いるとこの量は

$$\langle \bar{\chi}_E | \bar{\chi}_E \rangle = 4\hbar^2 \sum_i |A_i|^2 \frac{\sin^2[(E-E_i)(t-t_0)/2]}{(E-E_i)^2(t-t_0)} \tag{6.13}$$

[*3] (5.26) とは少し定義が異なっていることに注意.
[*4] ここで述べたことは, ボーア–ゾンマーフェルトの量子条件に電子波の動きという視点を加えたことに相当する. 3.4 節参照.
[*5] 図 6.3~6.6 は M. Morifuji and K. Kato, Phys. Rev. B **65** 035108 (2003) より転載した.

6.3 調和振動子

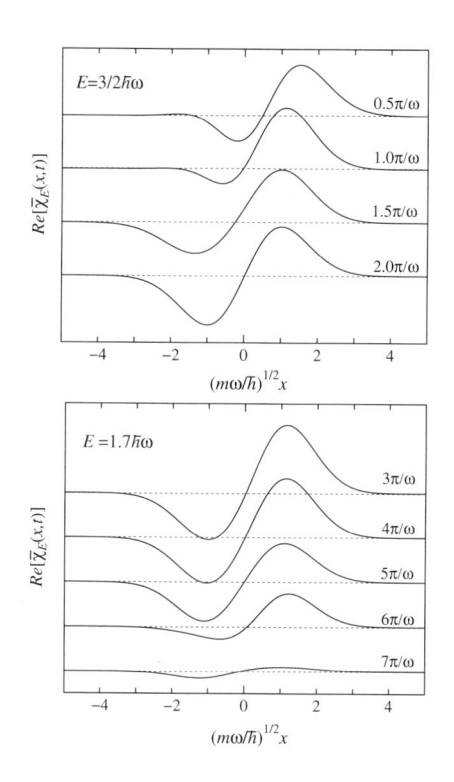

図 6.4 調和ポテンシャル中で振動する波束のコヒーレントな重ね合わせ.

となる. $t - t_0 \to \infty$ では, $\dfrac{\sin^2[(E - E_i)(t - t_0)/2]}{(E - E_i)^2} = \dfrac{\pi(t - t_0)}{2\hbar}\delta(E - E_i)$ が成り立つので, $2\pi\hbar$ という因子と係数 A_i を別にすれば, この量 $\langle \bar{\chi}_E | \bar{\chi}_E \rangle$ はエネルギーと時間の間の不確定性のために幅を持った準位による状態密度とみなせることが分かる.

係数 A_i は前章で述べたように, 初期波束と $\phi(x)$ の重なり積分であり, その意味で $\langle \bar{\chi}_E | \bar{\chi}_E \rangle$ は初期状態の選び方に依存しているが, これを電子波の運動に伴う状態密度と見なすことができるのである [*6]. 初期状態依存性のために, 各

[*6] この初期状態依存性は, 3.1 節で述べたゼロ・モードから来るものであり, 初期状態についての平均を取れば消去できる. (3.4 節の脚注も参照のこと.)

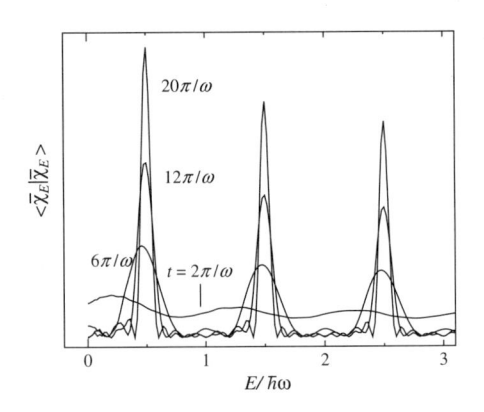

図 6.5 調和振動子の運動にともなう状態密度.

ピークの高さは少しずつ異なっているが,電子波の自己干渉により固有状態が形成されてゆくために,連続なスペクトルが時間とともに徐々に離散的になっていく様子がわかる.振動子のエネルギーが固有エネルギーに等しい場合,すなわち $E = (\hbar\omega + 1/2)$ にピークができるのである.

図 6.5 は図 6.3, 6.4 よりもずっと大きく広がった初期波束で計算したものであることを断わっておく.

6.3.2 軌道反磁性とランダウ準位

調和振動子についての結果は静的な電磁場中の電子状態の問題に適用することができる.

静磁場中の固有状態は,軌道運動の量子化に伴い生じるもので,ランダウ準位と呼ばれている. z-軸の方向を向いた一様な磁束密度 $B = (0, 0, B)$ 中の電子を考えよう.この磁場はベクトルポテンシャル

$$A = B(0, x, 0) \tag{6.14}$$

の回転 $B = \mathrm{rot} A$ で表わすことができる.

6.3 調和振動子

この系は磁場に平行な方向の自由度を伴った1次元の調和振動子と同じであり，前節の結果をそのまま用いることができる．磁場中の電子のハミルトニアンは

$$\mathcal{H} = \frac{1}{2m}(\boldsymbol{p} + e\boldsymbol{A})^2$$

$$= \frac{\hbar^2 k_x^2}{2m} + \frac{m\omega^2}{2}\left(x + \frac{\hbar k_y}{m\omega}\right)^2 + \frac{\hbar^2 k_z^2}{2m}, \qquad (6.15)$$

である．ここで $\omega = eB/m$ と書いた．もちろんこのハミルトニアンによるシュレーディンガー方程式を解いて，エネルギー準位と固有関数を求めることができるのだが，ここでも電子波のコヒーレントな重ね合わせが固有状態を形成していく，という考えに基づいて行った計算の結果を示すことにしよう．

ハミルトニアン (6.15) は，z 方向には自由運動をし，x 方向には (中心を $\frac{\hbar k_y}{m\omega}$ に持つ) 調和振動子を表わしている．従って，この系は先の調和振動子とほとんど同じものあるが，この場合は振動の方向以外にも運動の自由度を持っている．そのことを考慮し，ここでは電子波の運動に伴う状態密度を

$$\rho(E,t) = \sum_{\boldsymbol{k}} \langle \bar{\chi}_{E_x,\boldsymbol{k}} | \bar{\chi}_{E_x,\boldsymbol{k}} \rangle \delta(E - E_x - E_{k_z}) \qquad (6.16)$$

で定義する．E_x は x-方向の振動子のエネルギーで，$\boldsymbol{k} = (k_y, k_z)$ である．$\bar{\chi}_{E_x,\boldsymbol{k}}(x)$ は，基本的に前節の $\bar{\chi}_E(x)$ と同じものであるが，磁場に垂直な方向の自由度を持っているのでこのように書いたのである[*7]．

(6.13) 式を用いれば，$t \to \infty$ では

$$\rho(E,t) \sim \sum_{k_z}\sum_i |A_i|^2 \delta(E_x - E_i)\,\delta(E - E_x - E_{k_z})$$

$$\sim \sum_i \frac{|A_i|^2}{\sqrt{E - E_i}} \qquad (6.17)$$

のように変形できる．一方，$t \sim 0$ では離散準位が形成されておらず E_x が連続

[*7] y-方向の自由度は調和振動の中心位置に対応しているので，エネルギーは k_y には依存しない．

な値を取りうるので, 上式の E_i についての和を E_x での積分に換えて

$$\rho(E, t) \sim \int_0^E dE_x \frac{1}{\sqrt{E - E_x}} \sim \sqrt{E} \tag{6.18}$$

のように変形できる.

$\rho(E, t)$ の計算結果を図 6.6 に示す. 初期状態は大きく広がったブロッホ状態であると見なせるように, α は充分大きな値に取ってある. 上述のように, $t = 0$ では $\rho(E, t)$ は自由電子の状態密度 $\rho(E, t = 0) \sim E^{1/2}$ であるが, 時間の経過とともに離散準位 (ランダウ準位が) 形成され, それぞれの離散準位に $z-$ 方向の運動に起因する状態密度 ($\sim 1/\sqrt{E}$) が付随した形へと変形していく.

静磁場中では, 電子は速度の方向に垂直なローレンツ力を受けて運動するので, 古典的に考えると電子の軌跡は円である. 古典軌道が円であることと, 上に記した 1 次元の調和振動子とは対応がつかないように思われるかもしれないが, ハミルトニアン (6.15) の表わす古典軌道は円運動なのである[*8].

1 次元的な波束の運動が得られたのは, ベクトルポテンシャルを (6.14) 式のように与えたためである.

$$A' = \frac{B}{2}(-y, x, 0) \tag{6.19}$$

というベクトルポテンシャルも全く同じ磁場を与える. A と A' の違いは

$$A - A' = \nabla \left(\frac{Bxy}{2} \right) \tag{6.20}$$

であり, A の代わりに A' を用いた場合の波動関数には $\exp(ieBxy/2\hbar)$ という因子が付け加えられ, xy-面での運動に対応するものとなる.

これはベクトルポテンシャルの違いによるゲージ変換の例である.
2.4 節で述べたように, ポテンシャルに付加項があると, 同じ電磁場を与える場合でも, 波動関数には付加項に由来する位相因子が付くのである.

この図 6.6 の結果は 2 通りの方法で実際の現象とつながりをつけることができる.

[*8] C. キッテル, 固体の量子論 11 章.

6.3 調和振動子

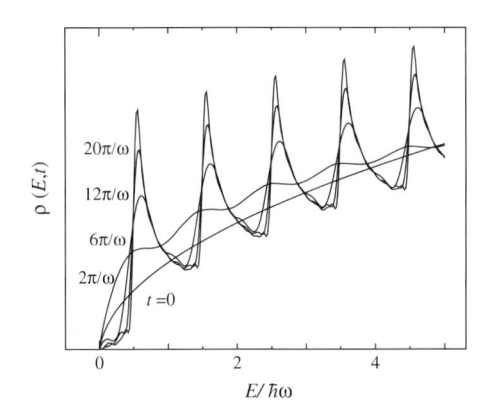

図 6.6 磁場中の電子の軌道運動にともなう状態密度.

まず,半導体などの固体結晶に階段関数で表わされるような時間依存性を持つ磁場を加えたとしよう.磁場が加えられる前の電子はブロッホ関数で表わされる.しかし磁場を加えると,ブロッホ関数はもはや固有状態ではなく,電子は歳差運動を始める.この電子波のコヒーレントな運動により,上に述べたように,ブロッホ状態は磁場下での固有状態(ランダウ準位)へと徐々に移行していくのである.

もう一つは,ランダウ準位に対する散乱の影響である.電子波の運動がいつまでも続くことはなく,必ず格子振動や不純物などのために電子は散乱され,コヒーレントな運動は中断される.ランダウ準位が有限な寿命を持つと,スペクトルに不確定性関係から来る幅ができるのだが,6.6 図の各曲線は,有限な寿命のために幅を持ったランダウ準位のスペクトルとも見なせるのである.

以上により,静磁場中で電子の軌道運動が量子化されることで離散準位が形成される過程を記述することを見た.ランダウ準位は,半導体結晶で観測されている数々の現象に関わっている重要な概念である.

しかしながら,上述のような考え方だけではうまく対応できない問題もある.金属やある種の半導体のように多数の電子がある系では,電子はボルツマン分布もしくはフェルミ・ディラック分布にしたがって分布している.ここに

磁場が加わり, 徐々に離散準位ができるとき電子はどうやって準位に配分されてゆくのだろうか. 固有準位は静的なものであると見なす通常の取り扱いでは, 適当な幅を持った準位ができれば, そこにパウリの排他原理とフェルミ・ディラック分布関数に従って低いエネルギーから順に電子が詰まって行くと考えればよい. しかし運動によって徐々に離散準位が作られていくとすれば, 電子の配分も時間とともに変化していくものと考えられる. しかし, (格子振動などとの相互作用を経て) どのように平衡状態に近づいて行くのか, というのは難しい問題である. 動的な量子統計といった問題はわれわれが扱ってきた1電子状態のダイナミクスのさらに先にある問題である.

6.3.3 シュタルク・ラダー準位

静磁場の場合と同様に, 静電場中でも電子の軌道運動に伴う干渉の効果で量子化される現象が知られている. それが, 固体結晶において生じるシュタルク・ラダー準位である.

固体中の電子のエネルギースペクトルは, 周期的に並んだ原子のポテンシャルのためにエネルギーバンドに分裂し, 波数ベクトルは有限の領域 (ブリルアン領域) に限られる. (空間の周期が a のとき, $-\pi/a < k \leq \pi/a$ がブリルアン領域である.) またそのために, 固有関数はブロッホ関数という結晶の並進対称性を反映したものとなる.

結晶のエネルギーバンドは近似的に

$$\varepsilon_{k_z} = -\frac{W}{2}[\cos(k_z z) - 1] \tag{6.21}$$

で与えられる. W は結晶ポテンシャルで決まるバンドの幅である. 実際の物質ではこの様なバンドが多数あるが, 以下では最低エネルギーのバンドだけを考えることとしよう.

固体結晶の z-軸の方向に静電場を加えることを考える. この場合厄介なのは静電場のポテンシャルと同時に結晶ポテンシャルをも考慮しなければならない点であるが, 有効質量近似を適用して結晶ポテンシャルの効果をバンドの分

6.3 調和振動子

散曲線に繰り込んでしまうことができて, 前節までの議論がそのまま使える.

大きさ F の静電場を加えると 6.2 節で示したように波数ベクトルが $k(t) = k_0 + eFt/\hbar$ のように増加するが, 結晶中では上に述べたように, エネルギーバンドが形成されているために, ブリルアン領域の端 ($k_z = \pi/L$) まで達した電子はブラッグ反射により $k_z = -\pi/L$ へと飛び移る. つまり, 波数空間で周期的な運動を行うのである. (図 6.7(左)). これに伴い, 電子は実空間でも図 6.7(右) に示すように許容帯内を往復運動する. 固体結晶中のこのような往復運動をブロッホ振動という

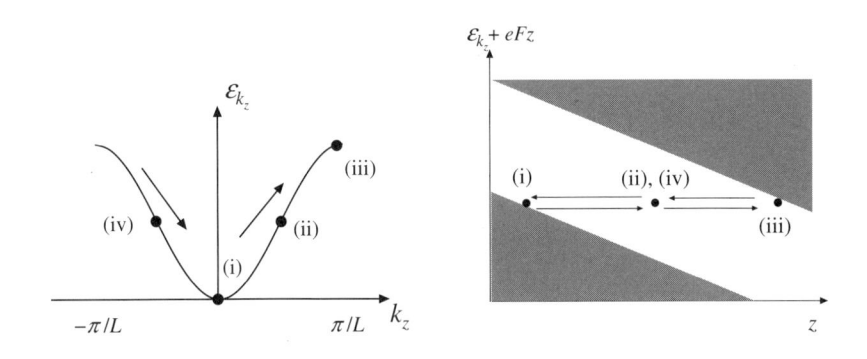

図 6.7 左: 静電場中の電子の波数空間での運動. 電子状態は (i) → (ii) → (iii) → (iv) → (i) ... と移り変わる. 右: 実空間での往復運動. 影を付けた部分は禁止帯である. (J. Phys. Soc. Jpn. **72**, 229 (2003) より転載.)

この図からも分かるように, 電子の全エネルギー (運動エネルギー ε_{k_z} とポテンシャルエネルギー eFz の和) は電場により加速されても変化しない.

ブロッホ状態の時間発展を考えると, 時刻 t でのブロッホ関数は (6.6) 式に類似した形すなわち時間位相因子がエネルギーで積分された形の

$$\psi_{k(t)}(\boldsymbol{r}, t) = e^{-i/\hbar \int_0^t \varepsilon_{k_z(\tau)} d\tau} \psi_{k(t)}(\boldsymbol{r}) \tag{6.22}$$

で与えられる. この式の $\psi_k(\boldsymbol{r})$ がブロッホ関数である. この場合にも, 自己干

渉の効果を考えると様々な波数のブロッホ状態が干渉し合う．全エネルギーを E，系の z 方向のサイズを Ω として，ブロッホ関数のコヒーレントな重ね合わせを

$$\bar{\chi}_{Ek}(\boldsymbol{r}) = \sqrt{\frac{eF\Omega}{2\pi\hbar}} \frac{1}{\sqrt{t}} \int^{t} dt' e^{iEt'/\hbar} \psi_{k(t')}(\boldsymbol{r},t')$$

$$= \sqrt{\frac{\Omega}{2\pi\Delta}} \int_{0}^{\Delta} d\eta \, e^{iEt'/\hbar - i/\hbar \int_{0}^{t'} \varepsilon_{k_z+\eta} d\tau} \psi_{k+\eta}(\boldsymbol{r}) \qquad (6.23)$$

と定義しておこう．これまでとは違う因子を付けてあるが，これにより，(6.24) のようにしたときにうまく規格化がなされていることがわかる．この式で，変数 η と t' は $\eta = eFt'/\hbar$ の関係にある．また Δ は波数空間での進行距離で $\Delta = eFt/\hbar$，2 行目では，時間の代わりに波数を積分変数にしてある．Δ が小さいときには $\bar{\chi}_{Ek}(\boldsymbol{r})$ は大きく広がったブロッホ関数に近いものとなる．その逆に Δ が充分大きい場合には，これをブリルアン領域の幅 $2\pi/a$ で置き換えて，

$$\bar{\chi}_{Ek}(\boldsymbol{r}) = \frac{\Omega}{2\pi}\sqrt{\frac{a}{\Omega}} \int_{0}^{2\pi/a} d\eta \, e^{iEt'/\hbar - i/\hbar \int_{0}^{t'} \varepsilon_{k_z+\eta} d\tau} \psi_{k+\eta}(\boldsymbol{r}) \qquad (6.24)$$

とできるだろう．

Δ がブリルアン領域の幅に比べて無視できないぐらいの大きさになると自己干渉の効果が顕著に現れる．図 6.7(右) に示すような往復運動により，1 周期後の状態と位相が整合している場合には干渉によって状態は強められ，そうでない場合には減衰するのである．

その結果，固体結晶中の電子状態は (散乱の影響が無視できるほど弱ければ) シュタルク・ラダーと呼ばれる，局在波束に伴われた離散準位となる．シュタルク・ラダー状態のエネルギーは，1 周期ずれた状態間の位相整合の条件で決まる離散的な値を取る．すなわち，(6.24) 式の位相因子

$$\exp\left[\frac{i}{\hbar}\left(Et' - \int_{0}^{t'} \varepsilon_{k_z+\eta} d\tau\right)\right] = \exp\left[\frac{i}{eF}\left(E\eta - \int_{0}^{\eta} \varepsilon_{k_z+\eta} d\eta\right)\right] \qquad (6.25)$$

が，η を $\eta + 2\pi/a$ に換えても不変であるとういう条件から，n を整数として

6.4 ヘテロ接合

$$E_n = eFan + \frac{a}{2\pi}\int_{-\pi/a}^{\pi/a}\varepsilon_{k_z}\,dk_z \tag{6.26}$$

で与えられる．第2項は定数 (バンドの重心) であり，第1項が間隔 eFa の離散準位を与える．ブロッホ状態による連続スペクトルから，シュタルク・ラダーの形成による離散スペクトルへの移行は図 6.5 に示したものに類似したものとなる．

電場中での離散準位は半導体超格子において実際に観測されていることを付け加えておく．通常の固体結晶では，散乱により電子の運動が乱されるために，シュタルク・ラダーが形成されることは期待できない．しかし，人工的な結晶である超格子では空間周期の長さに応じてブリルアン領域が小さくなるので，容易に電子はブリルアン領域の端まで加速されて，Δ がブリルアン領域程度の大きさになりうる．そのため散乱の効果は押さえられて，シュタルク・ラダー状態が容易に形成されるのである．

6.4 ヘテロ接合

6.4.1 ポテンシャル障壁の透過

この章の最後に，ポテンシャル障壁に衝突する粒子の運動について記しておく．図 6.8(左) のように，$0 < x < L$ の空間領域に高さ V のポテンシャルがあるとする．

ここに電子が入射して来るとき，たとえ電子のエネルギー E が V より小さくても，電子はある確率でこの障壁を透過してゆく．これが良く知られたトンネル効果である．古典力学ではこのようなことは起こりない．すなわちトンネル効果は量子力学に特有の現象である．

トンネル効果を扱う方法として，2つの手法が良く知られている．一つは時間に依らないシュレーディンガー方程式を解いて定常的な波動関数を求める

132　第 6 章　電子状態の時間発展と自己干渉による固有状態の形成

方法であり*9, もうひとつは時間に依存するシュレーディンガー方程式を解いて運動する波束を時間に沿って追いかける方法である. これまで示して来たように, ここでも運動する波束のコヒーレントな重ね合わせが時間に依らない波動関数になるということが成り立つ.

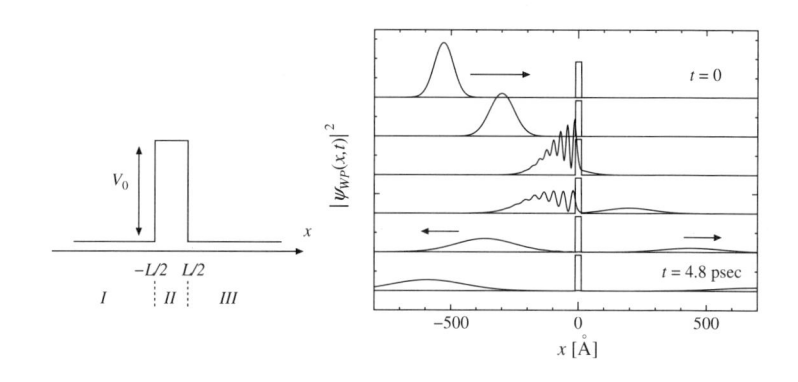

図 6.8　ポテンシャル障壁の模式図 (左) と, ポテンシャル障壁に衝突し反射/透過する波束 (右).

図 6.8 に波束の運動の計算例を示す. ただし, このような複雑な位置依存性を持つポテンシャルに対して経路積分を解析的に実行することは困難なので, 時間に依存したシュレーディンガー方程式を数値解法により解くことで各時刻の波束状態 $\psi(x,t)$ を計算した. 初期状態のエネルギーは $E = 40$ meV, ポテンシャル障壁は幅 $L = 24$ Å, 高さ $V_0 = 50$ meV である. 上から順に見ていくと, 波束が壁にぶつかり, くだけて, 透過波と反射波に分かれてそれぞれが左右に進んで行く様子がわかる.

この運動する波束状態 $\psi(x,t)$ の重ね合わせ

$$\chi_E(x,t) = \int_{t_0}^{t} e^{iE\tau/\hbar} \psi(x,\tau) d\tau \tag{6.27}$$

を各時刻でプロットしたのが図 6.9(上) である.

*9　この方法については章末のノートに記した.

6.4 ヘテロ接合

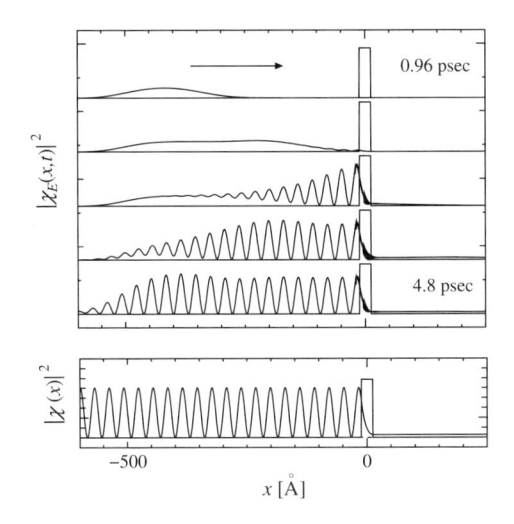

図 6.9 運動する波束のコヒーレントな重ね合わせ (上) と時間によらない波動関数 (下).

この図は図 6.8 と対応づけて描かれている．まず左側から波束が入射して来るので，その重ね合わせ (単一の平面波からなる) の絶対値 2 乗は空間的に一様な関数である．波が壁にぶつかった後は，反射成分が入射波に重ねられるので，$|\chi_E(x,t)|$ は空間的な変調を持つ関数となる．また，壁の右側では，時間とともに透過波が伸びて行く様子もわかる．

一方，図 6.9(下) には，時間によらないシュレーディンガー方程式を解いて求めた波動関数 $|\chi(x)|^2$ を示す．これと，4.8 psec での $|\chi_E(x,t)|^2$ を比較すると，$x > -400$Å の領域では両者は一致していることが分かる．$x < -400$ では $|\chi_E(x,t)|^2$ は小さい値を取り，両者は一致していないが，これは，この章で前に示した例と同じく，有限な時間での波束の運動を考えているためであり，波束の初期位置を $x_0 \to -\infty$ とし，無限に長い時間すなわち $t_0 \to -\infty, t \to \infty$ の運動を追えば全ての領域で両者は一致する．

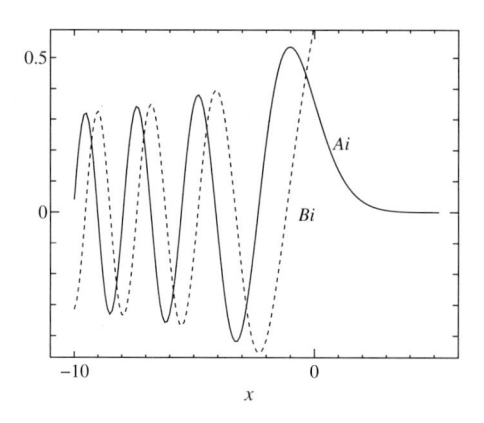

図6.10 エアリ関数.

ノート6-1　エアリ関数について

微分方程式

$$\left[\frac{d^2}{dx^2} - x\right]\phi(x) = 0 \tag{i}$$

の解は，エアリ関数

$$Ai(x) = \frac{1}{\pi}\int_0^\infty \cos\left(tx + t^3/3\right) dt$$

$$Bi(x) = \frac{1}{\pi}\int_0^\infty \left[\sin\left(tx + t^3/3\right) + e^{tx - t^3/3}\right] dt$$

で与えられる．

一様な電場中のシュレーディンガー方程式

$$\left[-\frac{\hbar^2}{2m}\frac{d^2}{dx^2} - Fx - \varepsilon\right]\chi(x) = 0$$

は

$$\hbar\theta = \left(\frac{F^2\hbar^2}{2m}\right)^{1/3} \qquad \xi = \frac{\varepsilon + Fx}{\hbar\theta}$$

6.4 ヘテロ接合

と変数変換すると式 (i) の形に直せる. $x \to \infty$ で $\phi(x) = 0$ という物理的な境界条件を満たすのは Ai なので, 固有関数は

$$\chi(x) = \frac{\sqrt{F}}{\hbar\theta} Ai\left(\frac{\varepsilon + Fx}{\hbar\theta}\right)$$

と求められる[*10].

ノート 6-2
時間によらないシュレーディンガー方程式によるトンネル効果の計算

空間の限られた領域 $0 < x < L$ に, 図 6.8 (左) のような高さ V_0 の角型のポテンシャルがあるものとする. この空間領域での電子の振る舞いについて考える. この問題は時間によらないシュレーディンガー方程式

$$\left[-\frac{\hbar^2}{2m}\frac{d^2}{dx^2} + V(x)\right]\chi(x) = E\chi(x)$$

を解き, 波動関数を求めることで解くことができる. E は電子のエネルギーで, ここでは $E < V_0$ であるものとしておく.

電子が図の左側から入射して来るものとして, 領域 I では入射波と反射波が, 領域 III では透過波があるという境界条件を課す. これにより, 各領域の波動関数を

$$\chi_I(x) = A e^{ikx} + B e^{-ikx} \qquad (x < 0)$$

$$\chi_{II}(x) = C e^{\kappa x} + D e^{-\kappa x} \qquad (0 \le x < L)$$

$$\chi_{III}(x) = F e^{ikx} \qquad (L \le x)$$

とおく. ここで

$$k = \frac{\sqrt{2mE}}{\hbar}$$

[*10] エアリ関数については, 巻末文献の量子力学 (ランダウ, リフシッツ) に詳しい記述がある.

$$\kappa = \frac{\sqrt{2m(V_0 - E)}}{\hbar}$$

である. (この k, κ は (3.49) 式で導入したものと同じ量である.)

$\chi(x)$ の各項の意味について記しておく. $\chi_I(x)$ の第 1 項は, 正の運動量を持ち, 左側からポテンシャル障壁へと近づく波すなわち入射波を表わしている. 同様に $\chi_I(x)$ の第 2 項は反射波を表わす. $\chi_{III}(x)$ は, 正の運動量を持ちポテンシャル障壁から遠ざかる波つまり透過波である. 領域 II は古典的には粒子が存在しえない領域であるが, この領域においても波動方程式の形式的な解が存在し, その 1 次結合で $\chi_{II}(x)$ を表わしておく.

さらに, 領域の境界において波動関数とその微分が連続であるという要請をおくと領域 I と II の間で

$$\chi_I(0) = \chi_{II}(0)$$

$$\chi_I'(0) = \chi_{II}'(0)$$

すなわち係数間の関係式

$$A + B = C + D$$

$$ik(A - B) = \kappa(C - D)$$

が成り立たなければならない. 同様に領域 II と III の間では

$$Ce^{\kappa L} + De^{-\kappa L} = Fe^{ikL}$$

$$\kappa(Ce^{\kappa L} - De^{-\kappa L}) = ikFe^{ikL}$$

という関係が成り立たねばならない.

上の関係式は, 行列を用いて

$$\begin{pmatrix} 1 & 1 \\ ik & -ik \end{pmatrix} \begin{pmatrix} A \\ B \end{pmatrix} = \begin{pmatrix} 1 & 1 \\ i\kappa & -i\kappa \end{pmatrix} \begin{pmatrix} C \\ D \end{pmatrix}$$

6.4 ヘテロ接合

$$\begin{pmatrix} e^{\kappa L} & e^{-\kappa L} \\ \kappa e^{\kappa L} & -\kappa e^{-\kappa L} \end{pmatrix} \begin{pmatrix} C \\ D \end{pmatrix} = \begin{pmatrix} e^{ikL} & e^{-ikL} \\ ik\,e^{ikL} & -ik\,e^{-ikL} \end{pmatrix} \begin{pmatrix} F \\ 0 \end{pmatrix}$$

と表わしておくと簡潔で分かりやすい. これらの式から係数 C, D を消去して

$$\begin{pmatrix} S_{11} & S_{12} \\ S_{21} & S_{22} \end{pmatrix} \begin{pmatrix} A \\ B \end{pmatrix} = \begin{pmatrix} F \\ 0 \end{pmatrix} \qquad (\sharp)$$

という関係を得る. ここで

$$\begin{pmatrix} S_{11} & S_{12} \\ S_{21} & S_{22} \end{pmatrix} = \begin{pmatrix} e^{ikL} & e^{-ikL} \\ ik\,e^{ikL} & -ik\,e^{-ikL} \end{pmatrix}^{-1} \begin{pmatrix} e^{\kappa L} & e^{-\kappa L} \\ \kappa e^{\kappa L} & -\kappa e^{-\kappa L} \end{pmatrix}$$

$$\times \begin{pmatrix} 1 & 1 \\ i\kappa & -i\kappa \end{pmatrix}^{-1} \begin{pmatrix} 1 & 1 \\ ik & -ik \end{pmatrix}$$

である.

ポテンシャル障壁による電子波の反射率を, 入射波と反射波の振幅比の絶対値 2 乗で定義する. 同様に透過率を入射波と透過波の振幅比の絶対値 2 乗で定義する. これにより, 上の関係式 ($\sharp$) を解いて反射率と透過率を

$$R = \left| \frac{B}{A} \right|^2 = \left| \frac{S_{21}}{S_{22}} \right|^2$$

$$T = \left| \frac{F}{A} \right|^2 = \left| S_{11} - \frac{S_{12} S_{21}}{S_{22}} \right|^2$$

と求めることができる.

さらに領域 II での係数も

$$\begin{pmatrix} C \\ D \end{pmatrix} = \begin{pmatrix} 1 & 1 \\ i\kappa & -i\kappa \end{pmatrix}^{-1} \begin{pmatrix} 1 & 1 \\ ik & -ik \end{pmatrix} \begin{pmatrix} A \\ B \end{pmatrix}$$

と求めることができて, 定常的な波動関数 $\chi(x)$ を計算することもできる. 図 6.9 の下の図は, この方法で計算したものである.

最後に透過率と反射率の具体的な表式と透過率の計算例を示しておく.

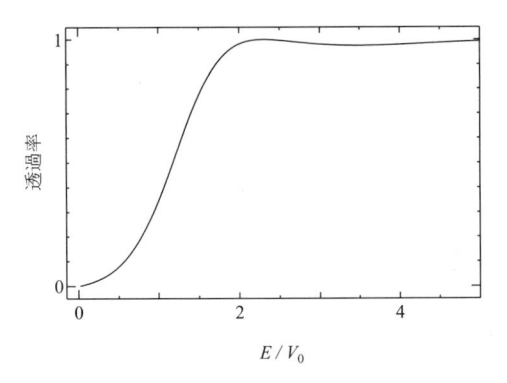

第 6 章　電子状態の時間発展と自己干渉による固有状態の形成

図 6.11　透過確率の計算例 (V_0 =50 meV, L = 24 Å).

$$T = \frac{4E(E - V_0)}{V_0^2 \sin^2 \kappa L + 4E(E - V_0)}$$

$$R = \frac{V_0^2 \sin^2 \kappa L}{V_0^2 \sin^2 \kappa L + 4E(E - V_0)}$$

図 6.11 は, ポテンシャル障壁の高さで規格化した電子のエネルギーに対する透過率の値を示している[11].

---

[11] 3 章の図 3.11 参照.

第7章

散乱問題における摂動論

7.1 ポテンシャルによる粒子の散乱

これまでの章で,外から加えられた電場や磁場,あるいは人工的なポテンシャル障壁などの影響のもとでの電子波の運動を調べてきた.しかし現実の電子の運動はもっと不規則な要因にも左右される.例えば結晶中を運動する電子は,不純物原子のポテンシャルや格子振動のためにその運動状態が乱される.伝導電子に対するこのような効果が電気抵抗の主要な原因となる.散乱問題を系統的に扱う方法を記述することがこの章の目的である.

ポテンシャル $V(r)$ の存在する空間中を運動する粒子を考える.ポテンシャルは時間に依存していてもよいのだが,ここでは表記を簡単にするために時間依存性は記さないことにする.$V(r)$ は空間的に局在しており,粒子は初め $V(r) = 0$ の領域にあるものと仮定しよう.粒子が次第にポテンシャルがある領域へと近づいて来ると,ポテンシャルの影響によりその運動が乱される.さらに充分な時間が経過した後には,粒子は遠くへ飛び去っているものとする.すなわち,粒子は再びポテンシャルがゼロの領域にあり自由な運動を続けるものと考える.

この時粒子はどれだけの速度でどの方向に運動しているのだろうか.これがポテンシャルによる粒子の散乱の問題である.

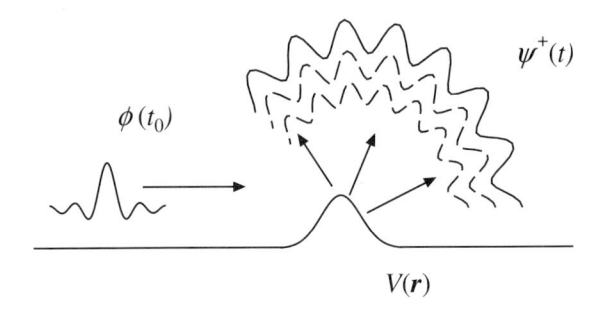

図7.1 散乱現象の模式図. 左から入射した波はポテンシャルの影響でくだけて四方へと広がっていく様子を表わす.

ただし, これはずいぶん簡略化した見方であり, 実際の散乱現象にはもっと複雑な側面があることに注意をしておく. たとえば電子が原子によって散乱される時には原子の内部構造を考えなければならない場合がある. 散乱の際に電子のスピンが反転する過程も物理的に重要な問題を引き起こす. また, 極小値を持つようなポテンシャルに電子が捕獲されることもある. しかし本書ではこの様な複雑な過程は扱わない.

また実際には, 電子を波束として数学的に正しく取り扱うことは難しいので, 電子は広がった状態であるものとし, その代わりにポテンシャルに $e^{-\epsilon|t|}$ という時間因子を付けておくという方法が用いられることが多い. 通常, 計算の最後に ϵ をゼロへと持って行く. そうすると $t \to -\infty$ または $t \to \infty$ では, 粒子がポテンシャルの影響のない領域へと飛び去る代わりに, ポテンシャルの影響はなくなるものとしてよいのである.

しかしながら概念的には, 我々が考える問題は図7.1に示されたようなものである. 図の左側から入射して来た状態 ϕ がポテンシャルによって変形し ψ^+ と表記された散乱波となる. このとき, 散乱後のくだけた波 ψ^+ を様々な速度を持つ自由粒子の波動関数の重ね合わせで表わしてみる. この様な展開は自由粒子の状態が完全系を成しているため, いつでも可能である. その時の展開係数が, 電子がそれぞれの速度・方向に散乱される割合を表わしているものと考えてもよいだろう. 従って, この展開係数を求めることが散乱問題の主たる

7.1 ポテンシャルによる粒子の散乱

目的となる.

散乱問題に対しては様々な手法が知られている. まず, 時間に関する摂動論により遷移確率を求める良く知られた方法がある. それからポテンシャルが時間に依存しない場合には, 衝突は弾性的であり, 粒子のエネルギー E は衝突の前後で変わらない. このような場合には, ポテンシャルを含んだシュレーディンガー方程式

$$[\mathcal{H} + V(\boldsymbol{r})]\psi(\boldsymbol{r}) = E\psi(\boldsymbol{r}) \tag{7.1}$$

を解いて散乱問題の解を求めることもできる. この式の $\mathcal{H}$ は自由粒子に対するハミルトニアンである.

本章では, もちろん, 経路積分法に基づいた手法について記述するが, 他の方法との関連についてもできるかぎり触れることにする.

これまでの章で示して来たように, 電子状態の時間発展は経路積分法で記述することができる. 従って, 先に記したような, ポテンシャルに衝突する電子の運動の結果, 時刻 t におけるこの粒子を表わす波動関数はファインマン核を使って

$$\psi^+(\boldsymbol{r}, t) = \int K(\boldsymbol{r}, t; \boldsymbol{r}_0, t_0) \phi_{k_0}(\boldsymbol{r}_0, t_0) d^3\boldsymbol{r}_0 \tag{7.2}$$

と表わされる. ただし $K(\boldsymbol{r}, t; \boldsymbol{r}_0, t_0)$ はポテンシャルを含んだファインマン核である. 散乱ポテンシャルのない領域で粒子は自由運動をしているものとし, 初期状態として平面波の状態 $\phi_{k_0}(\boldsymbol{r}) = \dfrac{1}{\sqrt{V}} e^{i\boldsymbol{k}_0 \cdot \boldsymbol{r}}$ を用いる (V は考えている系の体積である.) この式の左辺 $\psi^+(\boldsymbol{r}, t)$ は, 過去において $\phi_{k_0}(\boldsymbol{r})$ であった粒子がポテンシャルの影響を受けながら時間発展した結果生じた状態を表わしている. これが波数 $\boldsymbol{k}$ を持つ自由粒子の状態をどれだけの割合で含んでいるかは, 両者の内積を取れば求められる. すなわち, 散乱波 $\psi^+(\boldsymbol{r}, t)$ と波数 $\boldsymbol{k}$ の自由粒子状態の内積

$$a_{k,k_0}(t) \equiv \langle \phi_k(\boldsymbol{r}, t) | \psi^+(\boldsymbol{r}, t) \rangle$$

$$= \int d^3r\, \phi_k^*(\boldsymbol{r},t)\psi^+(\boldsymbol{r},t) \tag{7.3}$$

で定義される量によって散乱現象は記述される．ここに (7.2) 式を代入すると

$$a_{\boldsymbol{k},\boldsymbol{k}_0} = \int d^3\boldsymbol{r}\int d^3\boldsymbol{r}_0\, \phi_k(\boldsymbol{r},t) K(\boldsymbol{r},t;\boldsymbol{r}_0,t_0)\phi_{k_0}(\boldsymbol{r}_0,t_0)$$

$$= \langle \boldsymbol{k}|e^{-i(\mathcal{H}+V)(t-t_0)/\hbar}|\boldsymbol{k}_0\rangle$$

$$= K(\boldsymbol{k},t;\boldsymbol{k}_0,t_0) \qquad (t-t_0 \to \infty) \tag{7.4}$$

と書ける．ただし先に述べたように，充分な時間が経った後にはポテンシャルの影響はないものと考え，$t \to \infty$ の極限を取る．途中の変形には位置基底の完備性関係

$$\int d^3\boldsymbol{r}\,|\boldsymbol{r}\rangle\langle\boldsymbol{r}| = \mathbf{1} \tag{7.5}$$

を用いた．(7.4) 式から係数 $a_{\boldsymbol{k},\boldsymbol{k}_0}$ は 2 章に記した運動量空間でのファインマン核であることがわかる．

7.2 摂動展開

電子状態の時間発展は (7.2) 式のように経路積分法で記述することができるので，散乱ポテンシャル $V(\boldsymbol{r})$ を含んだファインマン核

$$K(\boldsymbol{r},t;\boldsymbol{r}_0,t_0) = \int \delta\boldsymbol{r}(\tau)\, e^{(i/\hbar)\int_{t_0}^{t}[m\dot{r}^2/2-V(r)]d\tau} \tag{7.6}$$

を求めることができれば散乱問題は解けることになる．しかし一般的な形のポテンシャルに対してファインマン核を厳密に求めることは困難なので，なんらかの近似的手段にたよらなければならない．トンネル効果 (これも一種の散乱問題と見なせる) や空間的変化が充分ゆっくりしたポテンシャルに対しては，3 章に記した WKB 近似を用いることができる．

粒子の運動に対するポテンシャルの影響が小さいと見なせる場合には摂動

7.2 摂動展開

展開と呼ばれる方法が有効である. この方法では, (7.6) 式の指数関数の散乱ポテンシャル $V(r)$ に関する部分を

$$e^{(-i/\hbar)\int_{t_0}^{t} V(r)\,d\tau} \simeq 1 - \frac{i}{\hbar}\int_{t_0}^{t} V(r)\,d\tau + \frac{1}{2}\left(\frac{i}{\hbar}\right)^2 \left[\int_{t_0}^{t} V(r)\,d\tau\right]^2$$

$$- \frac{1}{3!}\left(\frac{i}{\hbar}\right)^3 \left[\int_{t_0}^{t} V(r)\,d\tau\right]^3 + \cdots \tag{7.7}$$

とテイラー展開する. これによりファインマン核も

$$K(r,t;r_0,t_0) = K_0(r,t;r_0,t_0) + K_1(r,t;r_0,t_0) + K_2(r,t;r_0,t_0)$$

$$+ K_3(r,t;r_0,t_0) + \cdots \tag{7.8}$$

と級数で表わされる. ここで級数の各項は

$$K_0(r,t;r_0,t_0) = \int \delta r(\tau)\, e^{(i/\hbar)\int_{t_0}^{t}(m\dot{r}^2/2)\,d\tau} \tag{7.9}$$

$$K_1(r,t;r_0,t_0) = -\frac{i}{\hbar}\int \delta r(\tau)\, e^{(i/\hbar)\int_{t_0}^{t}(m\dot{r}^2/2)\,d\tau} \int_{t_0}^{t} V(r)\,d\tau \tag{7.10}$$

$$K_2(r,t;r_0,t_0) = -\frac{1}{2\hbar^2}\int \delta r(\tau)\, e^{(i/\hbar)\int_{t_0}^{t}(m\dot{r}^2/2)\,d\tau} \int_{t_0}^{t} V(r)\,d\tau \int_{t_0}^{t} V(r)\,d\tau' \tag{7.11}$$

$$K_3(r,t;r_0,t_0) = +\frac{i}{6\hbar^3}\int \delta r(\tau)\, e^{(i/\hbar)\int_{t_0}^{t}(m\dot{r}^2/2)\,d\tau} \int_{t_0}^{t} V(r)\,d\tau \int_{t_0}^{t} V(r)\,d\tau' \int_{t_0}^{t} V(r)\,d\tau'' \tag{7.12}$$

$$\vdots$$

である.

　この展開のそれぞれの項は次のような物理的意味を持っている. まず, K_0 は自由粒子のファインマン核そのものである. すなわち摂動展開の初めの項には散乱ポテンシャルの効果は全く現れず, この項は粒子の自由な伝播を記述す

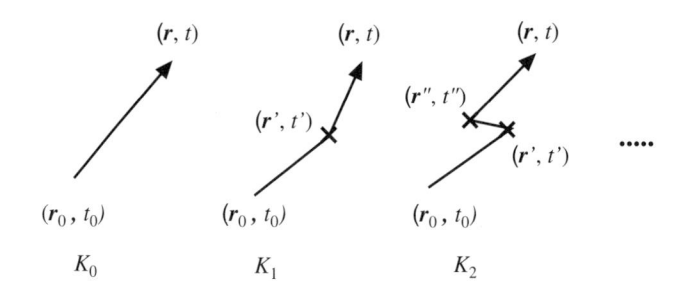

図7.2 左より K_0, K_1, K_2 に対応した粒子の伝播の模式図. 直線は粒子の自由な伝播を表わし、× はポテンシャルによる散乱を表わす.

るだけである.

次に K_1 はこれを

$$K_1(r,t;r_0,t_0) = -\frac{i}{\hbar}\int \delta r(\tau)\, e^{(i/\hbar)\int_{t_0}^{t}(m\dot{r}^2/2)\,d\tau}\int_{t_0}^{t}V(r)\,d\tau$$

$$= -\frac{i}{\hbar}\int_{t_0}^{t}dt'\int d^3r'\, K_0(r,t;r',t')V(r')\,K_0(r',t';r_0,t_0) \tag{7.13}$$

と変形することができる. この表式を導くには

$$e^{(i/\hbar)\int_{t_0}^{t}(m\dot{r}^2/2)\,d\tau} = e^{(i/\hbar)\int_{t_0}^{t'}(m\dot{r}^2/2)\,d\tau} \times e^{(i/\hbar)\int_{t'}^{t}(m\dot{r}^2/2)\,d\tau} \tag{7.14}$$

と書き換えて, 自由な伝播を表わす因子を時間について 2 つの部分に分けて, (2.13) 式を用いた. するとこれは, 自由運動をしていた粒子が時刻 t' の一瞬にポテンシャルの影響を受け, その後また自由運動により伝播する, という描像で解釈できることがわかる. ((7.13) 式の各因子は右から順に作用する.) ただし散乱の起こる位置 r' と時刻 t' については積分を行う必要がある.

同様に, K_2 は位置 r_0 を出発した粒子が 2 度ポテンシャルを感じた後に位置 r へと到達することを意味する

$$K_2(r,t;r_0,t_0) = -\frac{1}{\hbar^2}\int_{t'}^{t}dt''\int_{t_0}^{t''}dt'\int d^3r''\int d^3r'$$

7.2 摂動展開

$$\times K_0(\boldsymbol{r},t;\boldsymbol{r}'',t'')\, V(\boldsymbol{r}'')\, K_0(\boldsymbol{r}'',t'';\boldsymbol{r}',t')\, V(\boldsymbol{r}')\, K_0(\boldsymbol{r}',t';\boldsymbol{r}_0,t_0) \tag{7.15}$$

という形にできる.摂動展開の各項の持つこのような物理的意味は図 7.2 に模式的に示されている.

(7.15) 式からは (7.11) 式にあった 1/2 という因子がなくなっているが,これは (7.11) 式での 2 つの時間積分がともに $t_0 \sim t$ の範囲で行うものであったのに対して,(7.15) では,2 回の散乱の順序が指定されていて,積分変数に $t_0 \leq t' \leq t'' \leq t$ という制限が付いていることによるものである.

より高次の項についても,同様の理由で分母の $n!$ という因子は打ち消されることが分かる.

このように摂動展開の各項は粒子がポテンシャルにより n 回だけ瞬時の散乱を受けることを意味しており,散乱振幅はそれらの過程による振幅の和で表わされるのである.

(7.13), (7.15) 式の様な表式を用いると,(7.8) 式の摂動級数は

$$\begin{aligned}
K(\boldsymbol{r},t;\boldsymbol{r}_0,t_0) = &\, K_0(\boldsymbol{r},t;\boldsymbol{r}_0,t_0) \\
& -\frac{i}{\hbar}\int_{t_0}^{t} dt' \int d^3\boldsymbol{r}'\, K_0(\boldsymbol{r},t;\boldsymbol{r}',t') V(\boldsymbol{r}') K_0(\boldsymbol{r}',t';\boldsymbol{r}_0,t_0) \\
& -\frac{1}{\hbar^2}\int_{t'}^{t} dt'' \int_{t_0}^{t''} dt' \int d^3\boldsymbol{r}'' \int d^3\boldsymbol{r}' \\
& \times K_0(\boldsymbol{r},t;\boldsymbol{r}'',t'') V(\boldsymbol{r}'') K_0(\boldsymbol{r}'',t'';\boldsymbol{r}',t') V(\boldsymbol{r}') K_0(\boldsymbol{r}',t';\boldsymbol{r}_0,t_0) \\
& + \cdots
\end{aligned} \tag{7.16}$$

となるが,この式は右辺をまとめて

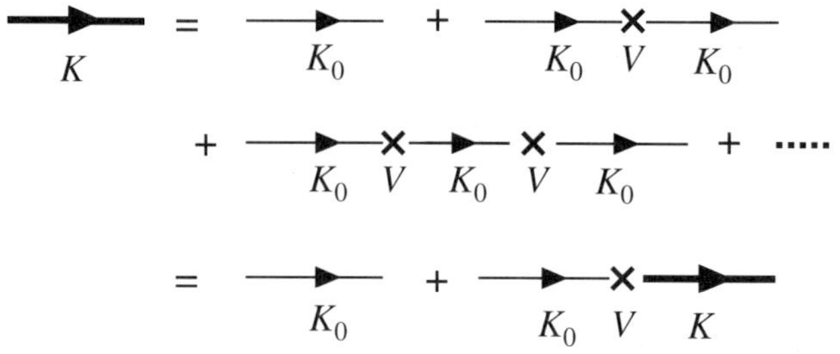

```
       →       =    →      +   →  ×  →
       K           K₀          K₀ V K₀

       +   →  ×  →  ×  →       + ‥‥‥
           K₀ V K₀ V K₀

       =    →      +   →  ×  ▶
           K₀          K₀ V  K
```

図 7.3 ファインマン核に対する展開式 (7.16), (7.17) を表わすダイアグラム.

$$K(\bm{r},t;\bm{r}_0,t_0) = K_0(\bm{r},t;\bm{r}_0,t_0) - \frac{i}{\hbar}\int_{t_0}^{t}dt'\int d^3r' K_0(\bm{r},t;\bm{r}',t')V(\bm{r}',t')K(\bm{r}',t';\bm{r}_0,t_0)$$
(7.17)

という形の積分方程式にすることができる. (7.17) 式が成り立つことは, この式の右辺の $K(\bm{r}',t';\bm{r}_0,t_0)$ に右辺自身を代入することを順次繰り返せば確かめることができる.

"内側の変数" については積分を取るものと約束しておくと, この式は

$$K = K_0 + K_0 V K_0 + K_0 V K_0 V K_0 + \cdots$$

$$= K_0 + K_0 V K \tag{7.18}$$

と簡略化して書き表わすことができる. またこの式をダイアグラムを用いて表わすことも行われている. 図 7.3 で矢印の付いた太い線はポテンシャルを含んだファインマン核 K を, 細い線は自由粒子のファインマン核 K_0 を表わしている. また × は散乱を表わしている. 摂動項に対するこのような表現はファインマンダイヤグラムと呼ばれており, 種々の物理的過程を見通し良く表わすことができ, 実際の計算において力を発揮する[*1].

[*1] 巻末の参考文献 [24] に種々のファインマンダイヤグラムについてのわかりやすい説明がある.

7.3 リップマン–シュウィンガー方程式

ファインマン核は波動関数の時間発展を記述するものであるから,ファインマン核に対する上記の摂動展開を波動関数に対するものに書き改めることは容易である.時刻 $t = 0$ での散乱波を表わす状態ベクトル $|\psi^+\rangle$ に対する摂動展開は (7.17) 式に類似した形の

$$|\psi^+\rangle = |\phi\rangle - \frac{i}{\hbar} \int_{-\infty}^{0} dt'\, e^{i(\mathcal{H}-E-i\epsilon)t'/\hbar}\, V |\psi^+\rangle \tag{7.19}$$

で与えられる.ここで $|\phi\rangle$ は散乱前の状態を表わし,E は状態 $|\phi\rangle$ のエネルギーである.この式の右辺を時間で積分した

$$|\psi^+\rangle = |\phi\rangle + \frac{1}{E - \mathcal{H} + i\epsilon}\, V |\psi^+\rangle \tag{7.20}$$

という形でも良く用いられる.ただし時間で積分する際に被積分関数の $t \to -\infty$ での振る舞いを押さえるために,$e^{\epsilon t'}$ という因子を加えてある[*2].これは,7.1 節に書いたように,電子は初めにはポテンシャルの働いている領域の外にあり自由運動をしていた,という仮定に合致するものである.したがって,この因子は元来ポテンシャルの時間依存性を表わすものなのであるが,以下では,エネルギー E に微小な虚数部 ϵ が加えられていると解釈する.(7.19) または (7.20) 式はリップマン–シュウィンガー方程式と呼ばれており,散乱問題に関して中心的な役割をはたす.

リップマン–シュウィンガー方程式に現れる $|\psi^+\rangle$ がポテンシャルを含んだシュレーディンガー方程式

$$(\mathcal{H} + V)|\psi^+\rangle = E|\psi^+\rangle \tag{7.21}$$

の解になっていることは,(7.20) 式の両辺に,形式的に $E - \mathcal{H} + i\epsilon$ を作用させることで,確かめることができる.その際,(7.20) の右辺第 1 項は $|\phi\rangle$ が $\mathcal{H}$ の固有状態であることから自動的に消えてしまうが,$V = 0$ では $|\psi^+\rangle = |\phi\rangle$ でなければならないので,この項も必要である.

[*2] (4.66) 式を参照.

つまり, 散乱問題は原理的にはシュレーディンガー方程式 (7.21) を解いて $|\psi^+\rangle$ を求めることで解けるのだが, 先に記したようにポテンシャルに関しての展開を行うと, (7.19), (7.20) 式のように積分方程式の形で解を表わすことができるのである.

(7.19) 式が時間表示のファインマン核と結びついており, 電子波の時間発展を記述するものであるのに対して, (7.20) 式はエネルギー表示のファインマン核と結びついていて, 時間に依らないシュレーディンガー方程式の解を求めることに関連している.

まず (7.20) 式を用いて散乱問題を考えよう. リップマン–シュウィンガー方程式から散乱波を求めるには, (7.20) 式の位置表示を取り

$$\langle r|\psi^+\rangle = \langle r|\phi\rangle + \langle r|\frac{1}{E-\mathcal{H}+i\epsilon}V|\psi^+\rangle$$

$$= \langle r|\phi\rangle + \int d^3r' \langle r|\frac{1}{E-\mathcal{H}+i\epsilon}|r'\rangle\langle r'|V|\psi^+\rangle \qquad (7.22)$$

という計算をしなくてはならない. そこでまず

$$\langle r|\frac{1}{E-\mathcal{H}+i\epsilon}|r'\rangle$$

という因子を求める. これは, 5 章で導入したエネルギー表示のファインマン核である. ここにハミルトニアンの固有状態である平面波状態の完備性関係を挿入すると

$$\langle r|\frac{1}{E-\mathcal{H}+i\epsilon}|r'\rangle = \sum_{k'} \frac{\langle r|k'\rangle\langle k'|r'\rangle}{E-\hbar^2k'^2/2m+i\epsilon}$$

$$= \frac{1}{(2\pi)^3}\int d^3k' \frac{e^{ik'\cdot(r-r')}}{E-\hbar^2k'^2/2m+i\epsilon} \qquad (7.23)$$

と書ける. ここで

$$\langle r|k'\rangle = \frac{1}{\sqrt{V}}e^{ik'\cdot r} \qquad (7.24)$$

7.3 リップマン–シュウィンガー方程式

と

$$\sum_{k'} \cdots = \frac{V}{(2\pi)^3} \int d^3 k' \cdots \qquad (7.25)$$

を用いた[*3].

(7.23) 式の積分は，極座標を用いて

$$\int d^3 k' \frac{e^{ik' \cdot (r-r')}}{E - \hbar^2 k'^2/2m + i\epsilon}$$

$$= \frac{2m}{\hbar^2} \int_0^\infty dk' \int_0^\pi d\theta' \int_0^{2\pi} d\varphi' \, k'^2 \sin\theta' \frac{e^{ik'|r-r'|\cos\theta'}}{k^2 - k'^2 + i\epsilon'}$$

$$= \frac{4\pi m}{\hbar^2} \int_0^\infty dk' \int_0^\pi d\theta' \, k'^2 \sin\theta' \frac{e^{ik'|r-r'|\cos\theta'}}{k^2 - k'^2 + i\epsilon'}$$

$$= \frac{4\pi m}{i\hbar^2 |r-r'|} \int_0^\infty dk' k' \frac{e^{ik'|r-r'|} - e^{-ik'|r-r'|}}{k^2 - k'^2 + i\epsilon'}$$

(7.26)

と変形できる．ここで

$$k = \frac{\sqrt{2mE}}{\hbar} \qquad (7.27)$$

である．また $\epsilon' = 2m\epsilon/\hbar^2$ と書いた．θ' での積分は $\cos\theta' = t'$ と変数変換することで行った．

さらに，被積分関数が偶関数であることを利用して k' による積分の範囲を $-\infty$ にまで広げて，複素平面上の積分路を取り

$$\frac{2\pi m}{i\hbar^2 |r-r'|} \int_{-\infty}^\infty dk' k' \frac{e^{ik'|r-r'|} - e^{-ik'|r-r'|}}{(k - k' - i\epsilon'')(k + k' + i\epsilon'')}$$

[*3] 表式 (7.24) は (B.26) と少し違った因子を持っていることに注意せよ．ここでは体積 V の箱の中に一つの粒子があるように波動関数の規格化を行っているのである．もちろん最終的な結果は規格化の仕方には依存しない．

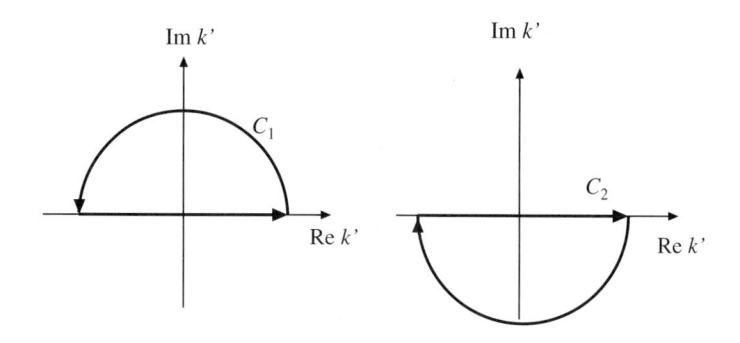

図 7.4 (7.28) 式の積分路.

$$= \frac{2\pi m}{i\hbar^2 |\mathbf{r}-\mathbf{r}'|} \left[\int_{C_1} dk' \frac{k' e^{ik'|\mathbf{r}-\mathbf{r}'|}}{(k-k'-i\epsilon'')(k+k'+i\epsilon'')} \right.$$

$$\left. - \int_{C_2} dk' \frac{k' e^{-ik'|\mathbf{r}-\mathbf{r}'|}}{(k-k'-i\epsilon'')(k+k'+i\epsilon'')} \right] \quad (7.28)$$

と書き換える. ($\epsilon'' \simeq \epsilon'/2k^2$ である.) ここで積分路 C_1, C_2 はそれぞれ図 7.4 に示すようなものである. 第一の項では, 積分路を C_1 のように, 上半平面をまわって閉じるようにしておく. 分子の $e^{ik'|\mathbf{r}-\mathbf{r}'|}$ という因子のため, 経路を無限に大きくしたときに上半平面の弧の部分 ($\mathrm{Im}\, k' > 0$) からの積分への寄与は消えるので, このようにできるのである. 一方, 第二の積分では下半平面をまわって積分路が閉じるようにしておけばよい. 同じく, 付け加えた弧からの積分への寄与はない.

これにより, 留数定理を用いてこの積分を求めることができる. 第一項では積分経路に囲まれた領域内の $k' = k + i\epsilon''$ に極があり, 第二項では同じく極は $k' = -k - i\epsilon''$ にある. 従って

$$\langle \mathbf{r} | \frac{1}{E - \mathcal{H} + i\epsilon} | \mathbf{r}' \rangle = -\frac{m}{2\pi \hbar^2 |\mathbf{r}-\mathbf{r}'|} e^{ik|\mathbf{r}-\mathbf{r}'|} \quad (7.29)$$

を得, この結果を使って散乱波は

$$\langle \mathbf{r} | \psi^+ \rangle = \langle \mathbf{r} | \phi \rangle - \frac{m}{2\pi \hbar^2} \int d^3 r' \frac{e^{ik|\mathbf{r}-\mathbf{r}'|}}{|\mathbf{r}-\mathbf{r}'|} \langle \mathbf{r}' | V | \psi^+ \rangle \quad (7.30)$$

7.4 ボルン近似

と書ける.

変数 r' が散乱の起こる位置であり散乱体のすぐそばであるのに対して, 散乱波を観測する位置 r はそこから離れているのが普通である. そこで $|r - r'|$ が大きい領域では

$$\frac{e^{ik|r-r'|}}{|r-r'|} \simeq \frac{e^{ikr}}{r} e^{-ik \cdot r'}$$

と近似できるので, 上式は

$$\langle r|\psi^+\rangle \simeq \langle r|\phi\rangle - \frac{m}{2\pi\hbar^2} \frac{e^{ikr}}{r} \int d^3r' e^{-ik \cdot r'} V(r') \langle r'|\psi^+\rangle \tag{7.31}$$

となる. この式の右辺の第 1 項は入射波を, 第 2 項は外へと広がっていく球面波に係数が掛かったものになっている. この式の第 2 項で

$$f(k', k) = -\frac{m\sqrt{V}}{2\pi\hbar^2} \int d^3r' e^{-ik \cdot r'} V(r') \langle r'|\psi^+\rangle \tag{7.32}$$

という量を定義すると, これは外向きの球面波の振幅に相当する. この量を散乱振幅と呼ぶ. 表式 (7.32) は前因子に系の体積 V を含んでいるが, すぐ後に示すように, 実際には散乱振幅は系の体積には依らない.

7.4 ボルン近似

摂動展開を第 1 項で打ち切る近似を第 1 ボルン近似 (または単にボルン近似) という.

前節で求めた散乱振幅の表式に 1 次のボルン近似を用いると, (7.32) 式の右辺の $|\psi^+\rangle$ を $|k_0\rangle$ で置き換えて

$$f(k, k_0) = -\frac{m}{2\pi\hbar^2} \int d^3r' e^{i(k_0-k) \cdot r'} V(r') \tag{7.33}$$

を得る. この式の右辺の積分は, 平面波状態による散乱ポテンシャルの行列要素になっている.

弾性散乱を仮定すると, 散乱の前後で電子のエネルギーは変化しないので,

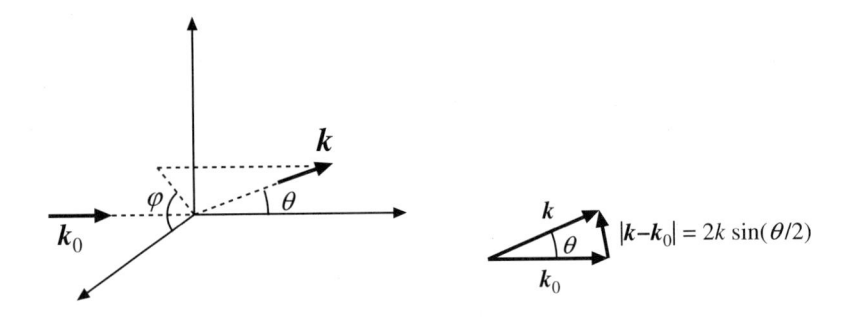

図 7.5

散乱振幅は散乱角 θ, φ の関数になる (散乱角については図 7.5(左) を参照のこと). さらに, ポテンシャル $V(r)$ が球対称であれば, 散乱振幅は φ には依らず θ だけの関数になり

$$f(\theta) = -\frac{m}{2\pi\hbar^2} \int_0^\infty dr' \int_0^\pi d\theta' \int_0^{2\pi} d\varphi' \, r'^2 \sin\theta' \, e^{iqr'\cos\theta'} V(r')$$

$$= -\frac{2m}{\hbar^2 q} \int_0^\infty dr' \, r' \sin qr' \, V(r') \tag{7.34}$$

と書ける. ここで $q = k - k_0$ は散乱の際の電子の運動量の変化である (図 7.5(右)).

また, 散乱による電子状態間の遷移確率を求めることも出来る. ボルン近似でのリップマン–シュウィンガー方程式は, (7.19) 式の右辺の $|\psi^+\rangle$ の代わりに $|\phi\rangle$ を用いて

$$|\psi^+\rangle = |\phi\rangle - \frac{i}{\hbar} \int_{-\infty}^0 dt \, e^{i(\mathcal{H}-E-i\epsilon)t/\hbar} V |\phi\rangle \tag{7.35}$$

である. この式で, 散乱前の状態 $|\phi\rangle$ は波数 k_0 の平面波であるとして $|\phi\rangle = |k_0\rangle$ とする. この式の位置表示を取り, 状態 $|k\rangle, |k'\rangle$ についての完備性関係を挿入して

$$\langle r|\psi^+\rangle = \langle r|k_0\rangle - \frac{i}{\hbar} \sum_{k,k'} \int_{-\infty}^0 dt \, \langle r|k\rangle\langle k|e^{i(\mathcal{H}-E_{k_0}-i\epsilon)t/\hbar}|k'\rangle\langle k'|V|k_0\rangle$$

7.4 ボルン近似

$$= \langle r|k_0\rangle - \frac{i}{\hbar}\sum_k \int_{-\infty}^{0} dt\, \langle r|k\rangle e^{i(E_k-E_{k_0}-i\epsilon)t/\hbar} V_{k,k_0} \qquad (7.36)$$

を得る．このとき自由電子の状態が $\mathcal{H}$ の固有状態であること，すなわち $\langle k|e^{i\mathcal{H}t/\hbar}|k'\rangle = e^{iE_k t/\hbar}\delta_{k,k'}$ が成り立つことを用いた．また，$V_{k,k_0} = \langle k|V|k_0\rangle$ と表記した．

(7.36) 式は，書き換えれば

$$\psi^+(r,t) = \phi_{k_0}(r) - \sum_k \left[\frac{i}{\hbar} V_{k,k_0} \int_{-\infty}^{t} dt'\, e^{i(E_k-E_{k_0}-i\epsilon)t'/\hbar}\right] \phi_k(r) \qquad (7.37)$$

となる．この式では，散乱されてくだけた波動関数 $\psi^+(r,t)$ が自由電子の状態の 1 次結合で書き表されている．つまりこの式の $[\cdots\cdots]$ の部分がちょうど (7.4) 式の係数 a_{k,k_0} になっているのである．

従ってボルン近似では

$$a_{k,k_0}(t) = -\frac{i}{\hbar}\lim_{\epsilon\to 0} V_{k,k_0} \int_{-\infty}^{t} dt'\, e^{i(E_k-E_{k_0}-i\epsilon)t'/\hbar} \qquad (7.38)$$

を得る．状態間で遷移が起こる確率は $|a_{k,k_0}(t)|^2$ を時間で微分したもので定義され，

$$\int_{-\infty}^{t} dt'\, e^{i(E_k-E_{k_0}-i\epsilon)t'/\hbar} = \frac{\hbar}{i}\frac{e^{i(E_k-E_{k_0}-i\epsilon)t/\hbar}}{E_k-E_{k_0}-i\epsilon} \qquad (7.39)$$

を用いて

$$w_{k,k_0} = \frac{d}{dt}|a_{k,k_0}|^2 = \lim_{\epsilon\to 0}\frac{1}{\hbar}|V_{k,k_0}|^2 \frac{2\epsilon\, e^{2\epsilon t/\hbar}}{(E_k-E_{k_0})^2+\epsilon^2}$$

$$= \frac{2\pi}{\hbar}|V_{k,k_0}|^2\, \delta(E_k-E_{k_0}) \qquad (7.40)$$

となる．最後の等号は，デルタ関数についての公式 (C.16) を用いて得た．

終状態 $|k\rangle$ のまわりにほとんど同じ波数の状態が多数分布しているものとしよう．この状況は，考えている系の体積 V が充分大きいことを考えれば現実的なものと言える．さらに行列要素 V_{k,k_0} があまり状態に依らないとすれば，初めの状態が状態 $|k\rangle$ の周りのどれかの状態へと遷移する確率は，$|k|$ につい

てこの式の平均を取って

$$w_{k,k_0} \simeq \frac{2\pi}{\hbar}|V_{k,k_0}|^2 \frac{1}{4\pi}\sum_k \delta(E_k - E_{k_0})$$

$$= \frac{2\pi}{\hbar}|V_{k,k_0}|^2 \rho_{\hat{k}} \tag{7.41}$$

と書ける. ここで $\rho_{\hat{k}}$ は単位立体角あたりの状態密度である. リップマン–シュウィンガー方程式にボルン近似を適用して導いたこの結果は, 後述する時間に依存する摂動論から得られるものと同じである.

7.4.1 諸量の関係

先の節で, 散乱現象を記述するのに 2 通りの方法を用いた. 時間に依らない方法からは散乱振幅, 時間に依存した方法からは遷移確率という異なった量を導いた. もちろんこれらは同じ物理的内容をあらわしており, 相互に関係づけられるのだが, 混乱の元ともなる. ここでそれらの間の関係について述べておく.

まず, 散乱ポテンシャルの中心から測った立体角 $d\Omega = \sin\theta\, d\theta d\varphi$ の方向へと散乱される電子の割合として, 微分散乱断面積 $\sigma(\theta,\varphi)$ という量を考える. この量は散乱振幅と

$$\sigma(\theta,\varphi)\, d\Omega = |f(\theta,\varphi)|^2\, d\Omega \tag{7.42}$$

の関係にある. 全散乱断面積は, これを立体角について積分して

$$\sigma = \int |f(\theta,\varphi)|^2\, d\Omega$$

$$= \int_0^\pi d\theta \int_0^{2\pi} d\varphi\, |f(\theta,\varphi)|^2 \sin\theta \tag{7.43}$$

である.

また, 微分散乱断面積 $\sigma(\theta,\varphi)$ と散乱確率 w_{k,k_0} の間には

7.4 ボルン近似

$$\sigma(\theta,\varphi)d\Omega = \sigma(\widehat{\boldsymbol{k}\cdot\boldsymbol{k}_0})d\Omega_k = \frac{w_{k,k_0}}{|\boldsymbol{j}_{k_0}|}d\Omega_k \tag{7.44}$$

の関係がある．$d\Omega_k$ は $\boldsymbol{k}$ の方向の微小立体角で，$\boldsymbol{j}_{k_0}$ は入射波の流れの密度である．この量は，入射波の速度から

$$\boldsymbol{j}_{k_0} = \frac{1}{V}\boldsymbol{v}_{k_0} = \frac{\hbar\boldsymbol{k}_0}{mV} \tag{7.45}$$

と求められる．

散乱確率は先に求めたように

$$w_{k,k_0} = \frac{2\pi}{\hbar}|V_{k,k_0}|^2\rho_{\hat{k}} \tag{7.46}$$

なので，この量と散乱断面積や散乱振幅を結びつけるには状態密度の表式が必要である．

単位立体角当たりの状態密度は

$$\rho_{\hat{k}'} = \frac{1}{4\pi}\sum_k \delta(E_k - E_{k_0}) = \frac{1}{4\pi}\frac{dN}{dE_{k'}} \tag{7.47}$$

で与えられる．ここで N は，波数空間内の半径 k' の球内にある k 点の数で，球の体積に比例して，

$$N = \frac{V}{(2\pi)^3}\frac{4\pi}{3}k'^3 \tag{7.48}$$

で与えられる．$E_{k'} = \frac{\hbar^2 k'^2}{2m}$ の関係を使って計算すると，

$$\rho_{\hat{k}'} = \frac{mVk'}{8\pi^3\hbar^2} \tag{7.49}$$

を得る．

以上を用いて

$$\sigma(\boldsymbol{k},\boldsymbol{k}_0) = \frac{m^2V^2}{4\pi^2\hbar^4}|V_{k,k_0}|^2 \tag{7.50}$$

または (7.43) 式を用いて

$$f(\boldsymbol{k},\boldsymbol{k}_0) = \frac{mV}{2\pi\hbar^2}V_{k,k_0} \tag{7.51}$$

という関係を得る. これは系の体積 V という不定な因子を含んでいるように見えるが, (7.24) 式から行列要素が

$$V_{k,k_0} = \langle k|V|k_0\rangle = \int d^3r' \langle k|r'\rangle V(r')\langle r'|k_0\rangle$$

$$= \frac{1}{V}\int d^3r' V(r')\, e^{i(k_0-k)\cdot r'} \tag{7.52}$$

であることがわかるので, (7.51) は体積には依存せず, 符号を除いて (7.33) 式と一致している.

例題7-1 しゃへいされたクーロンポテンシャルによる散乱

金属や半導体などの固体結晶は完全に純粋ではありえず, 一定量の不純物を含んでいる. 不純物の多くはイオン化し, 正または負の電荷を持っている. 多くの場合, 不純物イオンによるポテンシャルは

$$V_{imp}(r) = \frac{Ze}{4\pi\epsilon}\frac{e^{-r/r_s}}{r}$$

と表わされる. ここで ϵ は母体物質の誘電率, r_s はしゃへい距離とよばれる量, Z は不純物の持つ電荷である. イオン化した不純物原子によるポテンシャルは元来クーロンポテンシャル ($\sim 1/r$) なのであるが, 物質中の伝導電子が不純物のポテンシャルのために分極する. 不純物イオンが正の電荷を持っていれば, 伝導電子がその周りに集まって来るし, 負の電荷を持っていれば遠ざかる. これをしゃへい効果といい, 不純物のポテンシャルは実効的に弱められ到達距離も有限となる. そのため, ポテンシャルの到達する距離は r_s 程度に押さえられ, 上式のポテンシャルとなるのである. しゃへい距離は伝導電子の密度や温度によって決まるのであるが, ここでは一定の値を持つパラメータであるとしておく.

固体中の伝導電子がこの式で表わされる不純物のポテンシャルにより散乱される問題について考えてみよう. ポテンシャルの行列要素は

7.4 ボルン近似

$$\langle \boldsymbol{k}|eV_{imp}|\boldsymbol{k}_0\rangle = \frac{e}{V}\int d^3\boldsymbol{r}\, V_{imp}(\boldsymbol{r})\, e^{i(\boldsymbol{k}-\boldsymbol{k}_0)\cdot\boldsymbol{r}} = \frac{Ze^2}{4\pi\epsilon V}\int d^3\boldsymbol{r}\, \frac{e^{i(\boldsymbol{k}-\boldsymbol{k}_0)\cdot\boldsymbol{r}-r/r_s}}{r}$$

と書ける．この積分は，$\boldsymbol{k}-\boldsymbol{k}_0$ の方向を極軸として極座標に直すと実行でき

$$\langle \boldsymbol{k}|eV_{imp}|\boldsymbol{k}_0\rangle = \frac{Ze^2}{4\pi\epsilon V}\frac{4\pi}{(\boldsymbol{k}-\boldsymbol{k}_0)^2+(1/r_s)^2}$$

を得る．

これを (7.51) 式に代入して，しゃへいされたクーロンポテンシャルでの散乱振幅

$$f(\theta) = -\frac{2mZe^2}{4\pi\epsilon\hbar^2}\frac{1}{(q^2+r_s^{-2})}$$

を得る．$\boldsymbol{q}=\boldsymbol{k}-\boldsymbol{k}_0$ は散乱による電子の波数の変化である．

図 7.5(右) に示されているように，$q^2=4k^2\sin^2(\theta/2)$ の関係を用いれば，微分散乱断面積を

$$\frac{d\sigma}{d\Omega} = \left(\frac{2mZe^2}{4\pi\epsilon\hbar^2}\right)^2\frac{1}{(4k^2\sin^2\theta/2+r_s^{-2})^2}$$

と書くことができる．

ここでしゃへいが弱い極限を考え，$r_s\to\infty$ とすると

$$\frac{d\sigma}{d\Omega} \simeq \frac{(2m)^2}{16}\left(\frac{Ze^2}{4\pi\epsilon}\right)\frac{1}{\hbar^4 k^4}\frac{1}{\sin^4(\theta/2)}$$

となる．これは電子を古典粒子として扱ったラザフォード散乱の散乱断面積に一致する．

ノート 7-1 時間に依存する摂動論

散乱確率を求めるために最も多くの場面で用いられているのが，時間に依存する摂動論とそれから導かれるフェルミの黄金則である．先にも述べたように，リップマン–シュウィンガー方程式にボルン近似を適用し計算した遷移確率と一致する結果が得られるので，ここでこの方法についても記しておく．

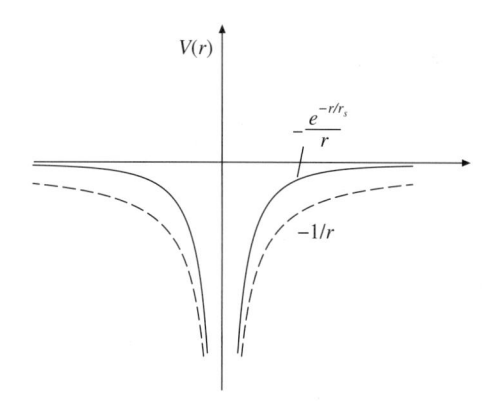

図 7.6 　しゃへいされたクーロンポテンシャル (実線) とクーロンポテンシャル (破線).

電子は, 初期時刻にハミルトニアンの固有状態, すなわち

$$\mathcal{H}\phi_i(\boldsymbol{r}) = \varepsilon_i\,\phi_i(\boldsymbol{r})$$

が成り立つ $\phi_i(\boldsymbol{r})$ のうちのある状態を取っているものとする.

ここにポテンシャル $V(\boldsymbol{r})$ が作用して, その結果電子はどれか別の固有状態へと遷移する, という状況を考えよう. この時の遷移の確率を計算するために, 時間に依存するシュレーディンガー方程式

$$i\hbar\frac{\partial}{\partial t}\psi(\boldsymbol{r}) = [\mathcal{H} + V(\boldsymbol{r})]\,\psi(\boldsymbol{r}) \qquad (\diamond)$$

を解くことを考える.

この方程式の解 $\psi(\boldsymbol{r})$ を, 形式的に $\mathcal{H}$ の固有関数で展開し

$$\psi(\boldsymbol{r}) = \sum_i a_i(t)\,e^{-i\varepsilon_i t/\hbar}\,\phi_i(\boldsymbol{r})$$

と表わす. $a_i(t)$ が展開係数である. ただし後の便宜のために $\phi_i(\boldsymbol{r})$ の時間に依存する部分をあらわに示してある.

この展開式をシュレーディンガー方程式 ($\diamond$) に代入する. まず, 左辺は

$$i\hbar\sum_i \left[\dot{a}_i(t)\,e^{-i\varepsilon_i t/\hbar}\,\phi_i(\boldsymbol{r}) - i\frac{\varepsilon_i}{\hbar}a_i(t)\,e^{-i\varepsilon_i t/\hbar}\,\phi_i(\boldsymbol{r})\right]$$

7.4 ボルン近似

$$\frac{\sin^2(xt)}{tx^2}$$

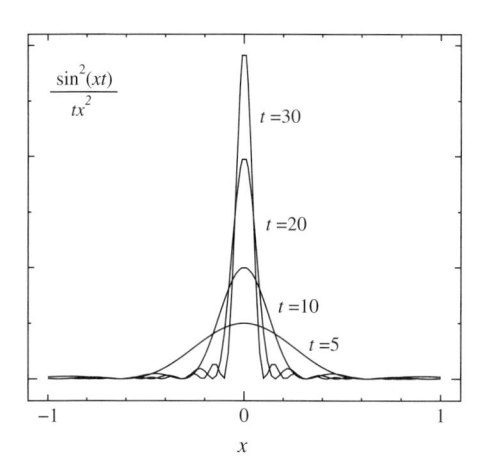

$t=30$
$t=20$
$t=10$
$t=5$

図 7.7

となり，一方右辺は

$$\sum_i \left[\varepsilon_i a_i(t) e^{-i\varepsilon_i t/\hbar} \phi_i(\boldsymbol{r}) + a_i(t) e^{-i\varepsilon_i t/\hbar} V(\boldsymbol{r}) \phi_i(\boldsymbol{r}) \right]$$

である．左辺の第 2 項と右辺の第 1 項は打ち消し合うので

$$i\hbar \sum_i \dot{a}_i(t) e^{-i\varepsilon_i t/\hbar} \phi_i(\boldsymbol{r}) = \sum_i a_i(t) e^{-i\varepsilon_i t/\hbar} V(\boldsymbol{r}) \phi_i(\boldsymbol{r})$$

を得る．

ここで，両辺に左から $\phi_j^*(\boldsymbol{r})$ を掛けて $\boldsymbol{r}$ で積分する．すると，関数系 ϕ_i の直交性のために，左辺の和のうち，$i = j$ の項だけが残り

$$\dot{a}_j(t) = \frac{1}{i\hbar} \sum_i a_i(t) e^{i(\varepsilon_j - \varepsilon_i)t/\hbar} \langle \phi_j | V | \phi_i \rangle$$

$$\Rightarrow \frac{1}{i\hbar} e^{i(\varepsilon_j - \varepsilon_i)t/\hbar} \langle \phi_j | V | \phi_i \rangle$$

この式の最後の表式は，初めに述べた，初期時刻に電子はある固有状態にあるという前提に従って，一つの a_i を 1，それ以外を 0 と置くことで得た．この式

を時間で積分して、係数 a_j が

$$a_j(t) = \frac{1}{i\hbar}\langle\phi_j|V|\phi_i\rangle\int_0^t e^{i(\varepsilon_j-\varepsilon_i)t'/\hbar}\,dt'$$

$$= -V_{ji}\frac{e^{i(\varepsilon_j-\varepsilon_i)t/\hbar}-1}{(\varepsilon_j-\varepsilon_i)}$$

と求められる．

$|a_j(t)|^2$ は，時刻 t に電子を状態 ϕ_j に見出す確率を表わす．ここでも，終状態 ϕ_j とほとんど同じエネルギーを持つ多数の状態があり，行列要素は状態に依らないと仮定しよう．すると，電子がどれかの状態に見出される確率は $|a_j(t)|^2$ を j について足し合わせて

$$\sum_j |a_j(t)|^2 = \sum_j |V_{ji}|^2 \frac{4\sin^2[\varepsilon_j-\varepsilon_i)t/2\hbar]}{(\varepsilon_j-\varepsilon_i)^2}$$

$$\simeq \frac{2\pi}{\hbar}|V|^2\, t \sum_j \frac{\sin^2[\varepsilon_j-\varepsilon_i)t/2\hbar]}{\pi(\varepsilon_j-\varepsilon_i)^2 t/2\hbar}$$

この式の和の中の因子は図 7.7 に示すような関数で $\varepsilon_j = \varepsilon_i$ にピークを持っており，時間とともにそのピークは高く狭いものとなる．従って，充分長い時間が経った後にはエネルギーが保存される遷移が主要な過程となる．

デルタ関数の表式 (C.13) を用いると，この関数は

$$\lim_{t\to\infty}\frac{4\sin^2[\varepsilon_j-\varepsilon_i)t/2\hbar]}{(\varepsilon_j-\varepsilon_i)^2\, t} = \frac{2\pi}{\hbar}\delta(\varepsilon_j-\varepsilon_i)$$

と書けるので，j についての和は時間によらず一定の値を取る．これからわかるように，初期時刻に状態 ϕ_i であった電子が，他の状態を取る確率は時間に比例して大きくなる．

単位時間あたりの遷移の確率は，時間微分を取って

$$\lim_{t\to\infty}\frac{d}{dt}\sum_j|a_j(t)|^2 = \frac{2\pi}{\hbar}|V|^2\sum_j\delta(\varepsilon_j-\varepsilon_i)$$

$$\simeq \frac{2\pi}{\hbar}|V_{ji}|^2 \rho_j$$

と求められる. ρ_j は終状態の状態密度である.

状態 ϕ_i から ϕ_j への遷移確率を

$$w_{ij} = \frac{2\pi}{\hbar}|V_{ji}|^2 \delta(\varepsilon_j - \varepsilon_i)$$

のように書くことがある. この表式はフェルミの黄金則として知られている.

7.5　摂動問題における半古典近似

　3章で紹介したWKB近似の考え方に基づいて散乱現象を記述する方法が知られている. WKB近似の要点は, 波動関数を $\psi \sim \exp(i \times$ 作用積分$)$ と表わすことと, 電子をはっきりした軌道を持った古典的粒子のように扱うことにあった. そこでこの考え方にならって, リップマン–シュウィンガー方程式の右辺で

$$\psi^+ = e^{iW/\hbar} \tag{7.53}$$

と置いてみよう. W は簡約された作用で[*4], ハミルトン-ヤコビの方程式(5.19)

$$E = \mathcal{H}\left(\frac{\nabla W}{2m}, V\right) = \frac{(\nabla W)^2}{2m} + V(r) \tag{7.54}$$

を満たす. 簡約作用を求めるためには, この式を古典的な軌道に沿って積分しなければならない. 散乱ポテンシャルがクーロンポテンシャルである場合には軌道は円錐曲線であるので解析的に軌道を求めることもできるが, かなり大変な計算になる. ここでは図7.8に示すような直線的な軌道を考えることにしよう. 図中の $\boldsymbol{b}$ は散乱体の中心とこの直線軌道の距離を表わすベクトルで, 衝突パラメータと呼ばれる量である.

　直線的な軌道しか考えないのでは粒子は何の散乱も受けていないように思

[*4] 3.3節参照.

えるが，リップマン–シュウィンガー方程式の右辺に用いることで，これが摂動展開のベースとして使えるのである．ボルン近似ではリップマン–シュウィンガー方程式の右辺に全く散乱を受けてない状態を用いたことを思い返してみると，ここで紹介する方法が1次のボルン近似よりは進んだ近似になっていることがわかる．

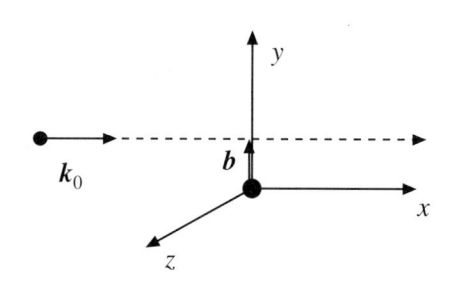

図 7.8 半古典近似の電子の経路 (点線) と座標系．原点の黒い丸は散乱体を表わす．また k_0 は入射波の波数ベクトルを示す．

(7.54) 式を，粒子の進行方向を x に取って直線軌道に沿って積分し

$$W(x) = \int_{-\infty}^{x} \sqrt{2m[E - V(\sqrt{x'^2 + b^2})]}\, dx' + C \tag{7.55}$$

と簡約作用を求めることができる．C は積分定数で，すぐ後で述べるように選ぶ．さらに $E \gg V$ を仮定してこの式をテイラー展開して

$$W(x) \simeq \int_{-\infty}^{x} \sqrt{2mE}\left(1 - \frac{V(\sqrt{x'^2+b^2})}{2E}\right) dx' + C$$

$$= \int_{-\infty}^{x} \sqrt{2mE}\, dx' - \frac{m}{\hbar k}\int_{-\infty}^{x} V(\sqrt{x'^2+b^2})\, dx' + C$$

$$= \hbar k x - \frac{m}{\hbar k}\int_{-\infty}^{x} V(\sqrt{x'^2+b^2})\, dx' \tag{7.56}$$

とする．ここで $E = \dfrac{\hbar^2 k^2}{2m}$ を用いた．また第1項の積分の下限から来る項は C

7.5 摂動問題における半古典近似

と打ち消し合うものとした.従って (7.53) 式は

$$\psi^+ = e^{ikx - i\frac{m}{\hbar^2 k}\int_{-\infty}^{x} V(\sqrt{x'^2+b^2})dx'} \tag{7.57}$$

となり,これを散乱振幅の式 (7.32) に用いると

$$f(\boldsymbol{k}, \boldsymbol{k}_0) = -\frac{m}{2\pi\hbar^2}\int d\boldsymbol{r}'\, e^{-i(\boldsymbol{k}-\boldsymbol{k}_0)\cdot\boldsymbol{r}'} V(\sqrt{x'^2+b^2})\, e^{-\frac{im}{\hbar^2 k}\int_{-\infty}^{x'} V(\sqrt{x''^2+b^2})dx''} \tag{7.58}$$

を得る.

$\boldsymbol{r}'$ での積分は円柱座標 (yz 面についての極座標で動径を b とする) を用いて表して,$d^3\boldsymbol{r}' = b\,db\,d\varphi\,dx'$ とする.散乱角 θ が小さいときには $\boldsymbol{k}-\boldsymbol{k}_0$ の x 成分は小さいので,$(\boldsymbol{k}-\boldsymbol{k}_0)\cdot\boldsymbol{r}' \simeq (\boldsymbol{k}-\boldsymbol{k}_0)\cdot\boldsymbol{b} = \boldsymbol{k}\cdot\boldsymbol{b} = kb\sin\theta\cos\varphi \simeq kb\theta\cos\varphi$ と書けることを用いて,

$$f(\boldsymbol{k}, \boldsymbol{k}_0) = -\frac{m}{2\pi\hbar^2}\int_0^\infty db\, b \int_0^{2\pi} d\varphi\, e^{-ikb\theta\cos\varphi}$$
$$\times \int_{-\infty}^\infty dx'\, V(\sqrt{x'^2+b^2})\, e^{-\frac{im}{\hbar^2 k}\int_{-\infty}^{x'} V(\sqrt{x''^2+b^2})dx''} \tag{7.59}$$

と書けるが,φ についての積分は 0 次のベッセル関数,すなわちベッセル関数の定義式

$$J_n(x) = \frac{1}{2\pi}\int_0^{2\pi} e^{in\varphi - ix\cos\varphi}d\varphi \tag{7.60}$$

で $n = 0$ と置いたものになっており,また x' についての積分は

$$\int_{-\infty}^\infty dx'\, V(\sqrt{x'^2+b^2})\, e^{-\frac{im}{\hbar^2 k}\int_{-\infty}^{x'} V(\sqrt{x''^2+b^2})dx''}$$
$$= \frac{i\hbar^2 k}{m} e^{-\frac{im}{\hbar^2 k}\int_{-\infty}^{x} V(\sqrt{x''^2+b^2})dx''}\bigg|_{-\infty}^{\infty}$$
$$= \frac{i\hbar^2 k}{m}\left(e^{-\frac{im}{\hbar^2 k}\int_{-\infty}^{\infty} V(\sqrt{x''^2+b^2})dx''} - 1\right) \tag{7.61}$$

と求めることができる.以上により,半古典近似での散乱振幅は

$$f(\boldsymbol{k}', \boldsymbol{k}) = -ik \int_0^\infty db\, b\, J_0(kb\theta) \left[e^{2i\Delta(b)} - 1\right] \tag{7.62}$$

$$\Delta(b) = -\frac{m}{2\hbar^2 k} e^{-\frac{im}{\hbar^2 k}} \int_{-\infty}^\infty V(\sqrt{x''^2 + b^2})\, dx'' \tag{7.63}$$

となる．電子に対する半古典的な描像に基づくこの方法はアイコナル近似と呼ばれており，WKB 近似と同様にポテンシャルの空間的変化がゆっくりしており，それに比べて電子波の波長が短い場合に有効である．

7.6 電子間相互作用

固体結晶中には非常に多くの電子があるので，その中の電子は不純物や格子振動による散乱に加えて，互いのクーロンポテンシャルも感じながら運動している．この"電子-電子散乱"については多数の研究がなされているが，未だ未解決の部分が多く固体物理の非常に重要なトピックとなっている．電子間相互作用について詳細に記すことは本書の目的の範囲を越えるので，ここでは基本的な考え方だけを記すことにしよう．

これまで述べてきたように，電子は，様々なポテンシャルの影響を受けながら空間を波として伝わって行く．多数の電子があれば，一つの電子の動きはクーロン相互作用を通して他の電子の動きを誘発する．さらに，他の電子が動けば元の電子が感じるポテンシャルは変化する．従って，ある電子の動きを追いかけるとき，その電子が感じるポテンシャルは自分自身の動きにつれて刻々と変化して行く．さらに，多数の他の電子も互いに影響を及ぼし合っているのだから，このような多体問題をまともに解くのは全く不可能なことである．

そこで，対象とする一つの電子以外の電子については，時間と空間についての分布を平均的なもので置き換えてしまう，という近似法が考えられる．いわば，他の電子の動きが動きを止めた中を，一つの電子が動いて行くような描像で考えるのである．

この考えに従って，全電子の作る平均的な電荷分布を $\rho(\boldsymbol{r})$ とすると，電子の

7.6 電子間相互作用

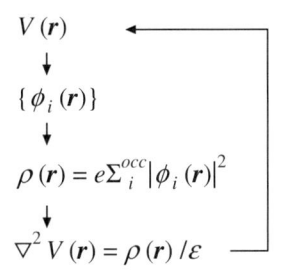

$$V(\boldsymbol{r}) \to \{\phi_i(\boldsymbol{r})\} \to \rho(\boldsymbol{r}) = e\sum_i^{occ}|\phi_i(\boldsymbol{r})|^2 \to \nabla^2 V(\boldsymbol{r}) = \rho(\boldsymbol{r})/\varepsilon$$

図7.9 自己無撞着計算の流れ図.

感じるクーロンポテンシャルは

$$V(\boldsymbol{r}) = \int d^3\boldsymbol{r}' \frac{e}{|\boldsymbol{r}-\boldsymbol{r}'|}[\rho(\boldsymbol{r}') - \rho_0] \tag{7.64}$$

である.ここでρ_0はバックグラウンドの正の電荷である.

したがって,対象としている電子に対する,時間に依存するシュレーディンガー方程式は

$$i\hbar\frac{\partial}{\partial t}\psi(\boldsymbol{r},t) = \left[-\frac{\hbar^2\nabla^2}{2m} + eV(\boldsymbol{r})\right]\psi(\boldsymbol{r},t) \tag{7.65}$$

となり,7.2節で記した摂動展開の方法を適用することができる.

上式の平均的な電荷分布$\rho(\boldsymbol{r})$は,自己無撞着計算によって計算できる.すなわち,シュレーディンガー方程式とポアソン方程式を繰り返し解くことで,電子間相互作用のある系の解を数値的に求めることができる.図7.9に示したように,たとえば初期ポテンシャル$V(\boldsymbol{r})$を与えると,シュレーディンガー方程式の解$\phi_i(\boldsymbol{r})$を求めることができる.これから,電荷密度を求めてポアソン方程式を解くことにより,ポテンシャルが計算できる.もちろんこのポテンシャルは初めに与えたものとは違っているが,このの手順を繰り返して,ポテンシャルや電荷分布がほとんど変化しないようになれば,それが求める解である.

このような考えにより,複雑な多体問題が一体問題へと簡単化され,これまで述べて来た手法も適用できる.この方法をハートリー近似という.

もちろんこれは近似であるから,実際の多電子系の性質を完全に記述すると

いうわけにはいかない. ハートリー近似に含まれていない重要な効果は, 電子の反対称性に由来する交換相互作用である. 先に, 一つの電子の動きを追いかけると書いたが, 電子は互いに区別のつかないものなので, 本当はそれは不可能なことなのである. このことを考慮するために, 波動関数の反対称性を取り入れて少し近似を進めた方法はハートリー-フォック近似と呼ばれている. 4.4 節に書いたように, 多体効果を調べるには第 2 量子化法に基づくグリーン関数を使うことが多く, これについては多数の文献がある. たとえば巻末の参考文献 [20]–[24] などを見てほしい.

第8章
半古典近似でのダイナミクス

　これまでの章で，経路積分法にもとづいて電子波の運動を記述するための考え方や方法について述べて来た．そこでわかったように，経路積分法は軌道や作用積分といった古典力学の考え方と深く結びついているので，我々は電子の挙動を古典力学で理解できるとの期待を抱くかもしれない．
　しかし，実際に電子波束の運動を追って行くと，多くの系では時間とともに波束は広がり，電子の軌道といったものは判然としない．6章で示したように，調和振動子では固有エネルギー準位が等間隔であることに由来して初期波束の形がつねに保たれるのだが，そのような場合はむしろ例外的であり，大抵の場合には時間が経つにつれて波束は広がっていき，軌道を追いかけることは不可能になる．
　もちろん，シュレーディンガー方程式を厳密に解いてそのような電子波の動きが得られたのならそれが正しいわけで，電子とはそのようなものであり，はっきりした軌道を持たないと考えなければならないだろう．
　しかしそれでも，この章では電子波の運動に軌道という概念を持ち込むことを試みる．これは，電子という量子力学的粒子の挙動に対してある種古典的な描像に基づいてアプローチすることに相当する．実際，半古典的な見方は電子の振る舞いを定性的に理解する上において有益な知見を与えてくれることが多いので，このような見方に基づいた近似はしばしば用いられる重要な手段となっている．
　すでに7章で，半古典近似に基づいた散乱の理論を紹介した．この章では半

古典的描像に基づいて電子の挙動を記述する方法を述べる. この試みに際して指針となるのが, 3 章で記した WKB 近似の考え方と 5 章, 6 章で紹介した見方, すなわち動いている状態の重ね合わせが徐々に固有関数を形成してゆくという見方である.

8.1 電子の軌道と動的 WKB 近似

WKB 近似に基づいて電子の運動を記述することを考えてみよう. そのためにまず, 5 章, 6 章で記したような, 運動する波動関数のコヒーレントな重ね合わせを考える. (5.26) 式に WKB 近似のファインマン核の表式 (3.37) を用いると

$$\chi_E(x,t) = \int_{t_0}^{t} d\tau\, e^{iE\tau/\hbar}\, \psi(x,\tau)$$

$$= \int dx_0 \left[\int_{t_0}^{t} d\tau \sqrt{\frac{i}{2\pi\hbar} \frac{\partial^2 S_{cl}}{\partial x \partial x_0}} e^{i(E\tau + S_{cl})/\hbar} \right] \psi(x_0, t_0) \tag{8.1}$$

を得る. ただしここでは経路の特異点により生じる位相因子は省略してある. これについては後の具体的計算で記すことにする.

電子の軌道を考えるということは, 電子を質点のように局在したものとみなすことなので, 初期状態を充分に局在したガウス波束

$$\psi(x_0, t_0) = \left(\frac{a}{\pi}\right)^{1/4} e^{-ax^2/2} \simeq \left(\frac{4\pi}{a}\right)^{1/4} \delta(x_0) \tag{8.2}$$

と置いてみよう. $1/\sqrt{a}$ は電子の広がりの大きさを表わすパラメータで, a は充分大きいものとする. すると (8.1) 式は

$$\chi_E(x,t) = c \int_{t_0}^{t} d\tau \sqrt{\frac{i}{2\pi\hbar} \frac{\partial^2 S_{cl}}{\partial x \partial x_0}} e^{i(E\tau + S_{cl})/\hbar} \tag{8.3}$$

となる. ここで $c = (4\pi/a)^{1/4}$ と書いた. 2.1 節で述べたように, ファインマン核

8.1 電子の軌道と動的 WKB 近似

は初期状態が局在していたときの, 後の時刻における波動関数であり, 従ってこの式の右辺は本質的にはエネルギー表示のファインマン核である.

5.2 節で行ったのと同じ手法を用いて, 時間 τ での積分を停留位相近似で評価することができる. すなわち $\dfrac{\partial}{\partial \tau}(E\tau + S_{cl}) = 0$ を満たす $\tau = \tau_\alpha$ のまわりで $E\tau + S_{cl}$ を展開して

$$\chi_E(x,t) = c\sqrt{\frac{i}{2\pi\hbar}\frac{\partial^2 S_{cl}}{\partial x \partial x_0}}\, e^{iW(x,x_0;E)/\hbar}\int_{t_0}^{t} d\tau\, e^{\frac{i}{\hbar}\frac{1}{2}\frac{\partial^2 S_{cl}}{\partial \tau^2}(\tau-\tau_\alpha)^2} \tag{8.4}$$

を得る. 関数 $W(x, x_0; E)$ は (5.21) 式で与えられているように

$$W(x, x_0; E) = \int_{x_0}^{x} \sqrt{2m[E - V(x')]}\, dx' \tag{8.5}$$

である.

5 章で行ったように, 積分範囲を $-\infty \sim \infty$ に広げることで, τ についてのこの積分を実行して関数 $\chi_E(x,t)$ を求めることができる. しかしここでは少し異なる方法を取り

$$\chi_E(x,t) \equiv c\int_{t_0}^{t} e^{iE\tau/\hbar}\phi_{cl}(x(\tau)) \tag{8.6}$$

という式で, $\phi_{cl}(x(\tau))$ という関数を定義する. $x(\tau)$ は停留位相近似から決まる時間と位置の関係を表わす式, つまり古典軌道である.

もし $\dfrac{\partial^2 S_{cl}}{\partial \tau^2}$ が充分大きな値を取るならば, (8.4) 式の被積分関数をデルタ関数で

$$e^{\frac{i}{\hbar}\frac{1}{2}\frac{\partial^2 S_{cl}}{\partial t^2}(\tau-\tau_\alpha)^2} \simeq \sqrt{\frac{2\pi i\hbar}{\partial^2 S_{cl}/\partial t^2}}\,\delta(\tau-\tau_\alpha) \tag{8.7}$$

と近似することができる. そこでこの式を (8.4) 式に代入し (8.6) 式と比較することで関数 $\phi_{cl}(x(\tau))$ の表式

$$\phi_{cl}(x(\tau)) = \sqrt{\frac{m/2}{[E-V(x_0)]^{1/2}[E-V(x)]^{1/2}}}\, e^{i[W(x,x_0;E)-E\tau]/\hbar}\delta(\tau-\tau_\alpha) \tag{8.8}$$

が導かれる. (8.8) 式の導出には (5.23) 式を用いてある.

5章でも述べたように, 停留位相近似は粒子の位置と時間との間に古典的な対応を付けるものであるから, それを利用して導いた $\phi_{cl}(x(\tau))$ は局在した粒子の古典的な軌道を表わしているものと考えてもよいだろう. その一方, $\phi_{cl}(x(\tau))$ は複素数であり位相を持ち, 干渉効果を示す. そこで本書では, これを局所軌道関数と呼ぶことにする. このように空間的に局在しており, なおかつ干渉効果を示すという点で, この関数は量子力学と古典力学を折衷したものになっている. この意味で, $\phi_{cl}(x(\tau))$ を用いることは電子に対する半古典近似と見なせるのである.

以上の近似で行ったのは, WKB 近似に電子の軌道運動を持ち込むということであり, そのような観点から, この方法は動的 WKB 近似と呼ぶべきものである.

実際に電子を質点のように扱うことができるかチェックしてみよう. 自由粒子の古典作用を用いると, (8.7) 式の右辺のデルタ関数の広がり幅を

$$\frac{1}{\Delta_t^2} \simeq \frac{1}{2\hbar}\left.\frac{\partial^2 S_{cl}}{\partial \tau^2}\right|_{\tau_\alpha} = \frac{E}{\hbar \tau_\alpha} \tag{8.9}$$

と見積もることができる. 粒子の古典的な速度 $v = \sqrt{\frac{2E}{m}}$ を用いて, Δ_t を位置の広がりに直すと

$$\Delta_x = v \times \Delta_t = \sqrt{\frac{2E}{m}}\sqrt{\frac{\hbar \tau_\alpha}{E}} = \sqrt{\frac{2\hbar \tau_\alpha}{m}} \tag{8.10}$$

となる. 典型的な数値として, $\tau_\alpha = 10^{-13}$ s, $m = 9.1 \times 10^{-31}$ kg という値を用いると Δ_x はほぼ 50 Å 程度の大きさになる[*1]. したがって, この場合電子波は 10 原子層程度の長さに局在したものとなっているのである.

(8.10) 式からわかるように, 時間が経つにつれて Δ_x は徐々に大きくなるし, またある種の半導体結晶では有効質量が小さいために Δ_x はもっと大きな値を取る. したがって, どんな時でも電子を質点のように扱うことが正当化できるとは限らない.

[*1] 電子の広がり幅を表わす量として, ド・ブロイ波長 $\lambda = h/\sqrt{2mE}$ がしばしば用いられる. λ は Δ_x とは異なる量だが 100 meV のエネルギーの電子では λ は 40 Å 程度になり, 上で見積もった Δ_x はこれに近い大きさを持つ.

8.2 動的 WKB 近似の計算例

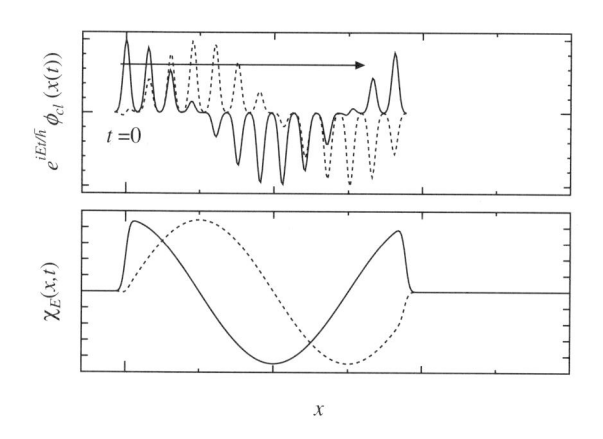

図 8.1 (上) 自由粒子の局所軌道関数 $\phi_{cl}(x(t))$ の時間変化. 初めに左端にあった粒子が, 右方向に運動して行く様子を示す. (下) 運動する粒子のコヒーレントな重ね合わせ.

しかし半古典的なアプローチは電子の振る舞いを定性的あるいは半定量的に理解する上において非常に有益で魅力的なものである. そこでこの後の節では, デルタ関数の広がり幅を無視して電子を位相を持った点粒子のように扱うことにし, (8.8) を用いることで局在した電子の運動を追い, それにより電子の持つ量子力学的性質の一端を記述できることを示す.

8.2 動的 WKB 近似の計算例

8.2.1 自由粒子

まず, $V(x) = 0$ という最も簡単な系について計算例を示そう. 図 8.1 の上の図は時間を追ってプロットした局所軌道 $\phi_{cl}(x(t))$ である. ただし, 本当のデルタ関数は数値計算では扱いにくく, 図示もしにくいので, 適当な大きさを持ったガウス関数に置き換えてある. 初期時刻 $t = 0$ に, 図の左端に置かれた粒子

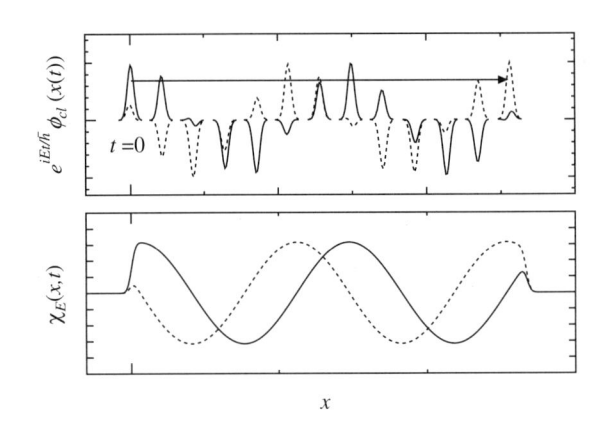

図 8.2　図 8.1 と同様の図であるが, 粒子のエネルギーが 2 倍だけ大きい場合を示してある.

は, その運動エネルギーに応じた速度で等速直線運動する. これを, 図 6.1 と見比べてほしい. 6 章で示したように, 自由空間の電子波は徐々に広がりながらその位置を変えて行くのだが, WKB 近似に基づいた方法では, 古典軌道の位置にだけ値を持っているものとして扱われている. このように空間的に局在しており, なおかつ位相を持っていて干渉効果を示すという点で, この関数は量子力学と古典力学を折衷し両方の特徴を合わせ持つものになっているのである.

下の図は, $\phi_{cl}(x(t))$ のコヒーレントな重ね合わせ $\chi_E(x,t)$ である. これは, 5 章の図 5.1, 6 章の図 6.1(下) に相当したものである. はっきりした軌道を持った粒子の運動が, 時間に依存しない波動関数を作っていくことがわかる. 上の図では局所軌道関数に位相因子 $e^{iEt/\hbar}$ も付けてプロットしてあるので, 関数 $\chi_E(x,t)$ が, 上の図の各時刻での波束状態の包絡線になっていることが分かると思う.

図 8.2 には, 図 8.1 に比べて電子のエネルギーがちょうど 2 倍大きい場合について図示してある. エネルギーが 2 倍大きいので, 同じ時間の間に $\sqrt{2}$ 倍だけ遠くまで移動し, 一定の時間間隔でプロットされた局所軌道関数は, よりまばらになる. この場合, 固有関数に相当する $\chi_E(x,t)$ は, 図 8.1 のものに比べる

8.2 動的 WKB 近似の計算例

と短波長になっている．また，その振幅がより小さくなっているが，これは波束が速く進むことにより，それぞれの位置に粒子を見出す確率がその分小さくなるためである．従って，$\chi_E(x,t)$ の持つこのような性質は，古典的な見方に適合したものなのである．

8.2.2 壁での反射と量子井戸の準位

次に，ポテンシャル障壁により電子が反射する現象を考えてみよう．無限大の高さのポテンシャル

$$V(x) = \begin{cases} \infty & (x \geq 0) \\ 0 & (x < 0) \end{cases} \quad (8.11)$$

に $x < 0$ の側から粒子が近づいて来るものとする．古典的な見方では壁に当たった瞬間に電子の進行方向は逆向きになるが，波動関数はそれと同時に π だけ位相が変化する．すなわち，衝突の前後で波動関数の符号が逆になるのである．3 章で述べたように，WKB 近似によると，経路の途中に特異点があると波動関数の位相は $\pi/2$ 変化する．しかし，無限大の高さのポテンシャル障壁による位相変化はちょうどその 2 倍である[*2]．

位相変化が π であることは，通常の時間によらないシュレーディンガー方程式を解く際に壁の位置で波動関数の値をゼロとおくという境界条件と合致していることに注意をしておく．運動する状態の時間積分が定常的な波動関数になるという見方で

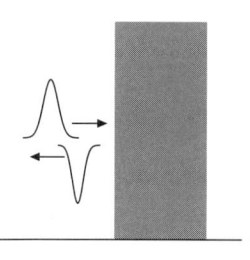

図 8.3 無限大の高さの障壁に当たって粒子が反射されると，位相が反転する．

[*2] 壁での反射で π の位相変化が生じることは，参考文献 [3] の 6 章に記述がある．

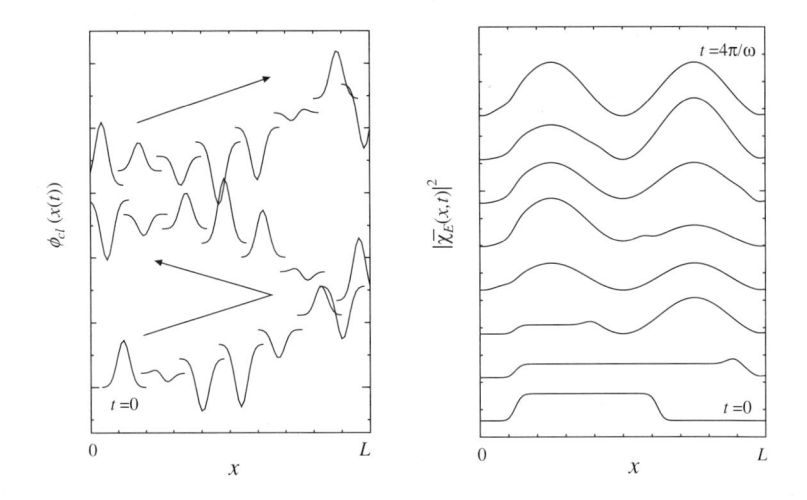

図8.4 (左) 量子井戸内の局所軌道関数の運動. (右) そのコヒーレントな重ね合わせ. 粒子のエネルギーは, 量子井戸の第2準位に一致するよう取られている.

は, 壁に衝突する直前の波と衝突直後の波の符号が逆であると, その重ね合わせは壁の位置でつねにゼロに保たれるのである.

さらにこの結果は, 両側をポテンシャル障壁で囲まれた量子井戸にも適用することができる. 量子井戸のエネルギー準位については3章の例題3-3ですでに扱っており, 単純な量子化の規則では正しい準位が得られないことを述べた. 正しい結果は, ここで述べたように壁への衝突による位相変化をπとすることで得られる.

図8.4に, 幅Lの量子井戸における局所軌道関数の運動とそのコヒーレントな重ね合わせを示す. 初期状態を左側の障壁近くの$x = 0.1L$に置き, 粒子のエネルギーは量子井戸の第二準位$E_i = \dfrac{\hbar^2}{2m}\left(\dfrac{i\pi}{L}\right)^2$ ($i = 2$) と一致するように取ってある. 図には約1.4周期に渡る動きを示してあるが, $\phi_{cl}(x(t))$が位相を変えながら単純な往復運動をすることが見て取れる. さらに右の図に示すように, この運動に伴い, 自己干渉が起こり, この場合だとピークを2つもつ$\bar{\chi}_E(x,t)$が, 局所軌道を導入したためにやや不自然な形ではあるが, 形成されて行くの

8.2 動的 WKB 近似の計算例

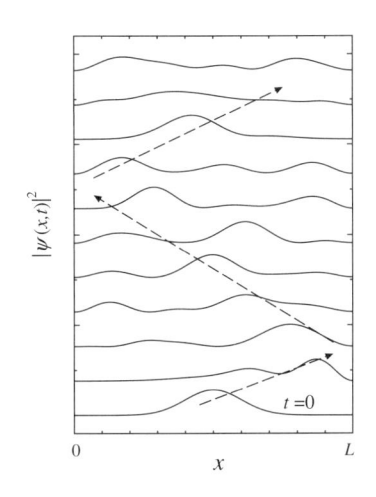

図 8.5 厳密なファインマン核の表式 (8.12) を用いて求めた,量子井戸内の波束の時間発展.点線は古典的な軌跡を示す.

である.

　離散的な固有準位が形成される理由は 6 章で示した調和振動子の場合と同じである. $\phi_{cl}(x(t))$ が右に行ったり左に行ったりしている間に,過去の自分自身との干渉が起こり,その際位相が整合していれば互いに強め合い,整合していなければ打ち消し合って振幅が減衰するのである.そのために,電子が特定のエネルギーを持つ場合にのみ $\langle \bar{\chi}_E | \bar{\chi}_E \rangle$ が大きい値を持つのである.

　しかし残念ながら,この方法では時間に依存した状態密度のピークの幅を正しく与えない.前にも述べたように,ピークの幅は時間とエネルギーの不確定性原理を表わしているのだが,実際に計算してみると高エネルギーの準位ほど広いピーク幅が得られる.これは電子波の運動を局在粒子の運動に置き換えたことの弊害である[*3].

　一方,厳密なファインマン核を用いたならば正しい状態密度のピーク幅が得られるのだが,その場合には電子が井戸内を往復運動する様子をはっきり示すことはできない.この事を示すために,図 8.5 に,量子井戸での厳密なファイン

[*3] もう一つの弱点として,有限の高さの障壁にうまく適用できない,ということもある.

マン核

$$K(x,t;x_0,t_0) = \sum_i \phi_i(x)\phi_i^*(x_0)\,e^{-iE_i(t-t_0)/\hbar} \tag{8.12}$$

を用いて計算した, ほぼ 1.2 周期にわたる波束の運動を, 図 8.5 に示しておく. ここで, $\phi_i(x)$ と E_i は量子井戸の固有関数と固有値で,

$$\phi_i(x) = \sqrt{\frac{2}{L}}\sin(i\pi x/L) \tag{8.13}$$

$$E_i = \frac{\hbar^2}{2m}\left(\frac{i\pi}{L}\right)^2 \tag{8.14}$$

で与えられる. 量子数 i は $i=1,2,3\cdots$ の値を取る.

井戸の中央に置かれた初期波束は, まず正の方向に運動した後, 壁により反射されて負の方向へと移動するのだが, その様子をはっきりと追いかけることはできない. 従って, この図を見る限り, 電子波を古典軌道上に局在したものと見なす, という半古典的な方法には無理があることが分かると思う.

しかしそれでも, 軌道を用いた半古典的な方法は, なぜポテンシャルにより閉じ込められた電子の固有エネルギーが閉じ込められていないときより大きいのか, なぜ離散的なエネルギー値しか取らないのか, といった疑問に対して直観的でかつ適切な解答を与えることができる. さらには, ファインマン核を厳密に求めることが困難であるようなポテンシャルの中での電子の運動を記述する際にも力を発揮するのである.

8.3　トンネル効果とインスタントン

3 章で既に扱ったように, ポテンシャル障壁の幅が小さければ電子は障壁を貫通することができる. この現象は純粋に量子力学的なものであるから, 局在軌道の運動を追うというような手法は役に立たないように思われる. ところが, WKB 近似に基づいてトンネル効果を扱う方法が知られている. それが, こ

8.3 トンネル効果とインスタントン

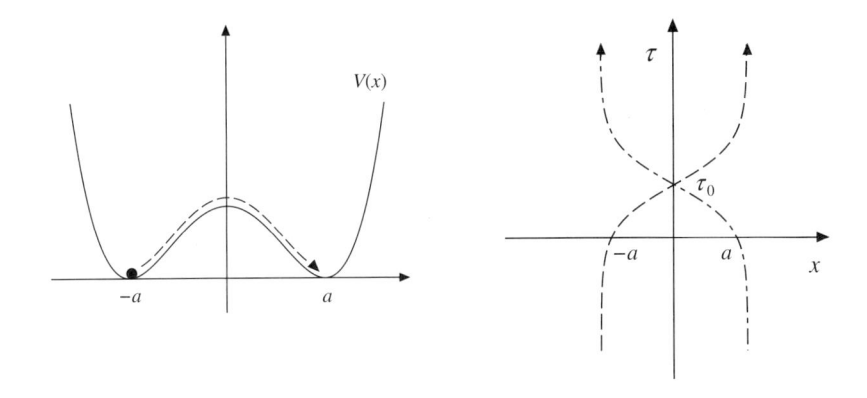

図 8.6 極小点間を移動する, インスタントンの軌跡.

こで紹介するインスタントンの理論である.

始めに, ポテンシャル

$$V(x) = \frac{m\omega^2}{8a^2}(x^2 - a^2)^2 \tag{8.15}$$

中の粒子の運動を考えよう. このポテンシャルは, 図 8.6(左) に示すように $x = \pm a$ に極小値を持っている. ラグランジアンから導かれる運動方程式は,

$$m\frac{\partial^2 x(t)}{\partial t^2} = -\frac{m\omega^2}{2a^2}(x^3 - a^2 x) \tag{8.16}$$

で, 直ちに解

$$x(t) = \begin{cases} \pm a \\ 0 \end{cases} \tag{8.17}$$

を得る. 一つめの解はそれぞれの極小点に静止した粒子を表わしている. (二つ目の解は不安定なので考慮しない.) 従って古典的に考えると, エネルギーが小さい場合には, 粒子はそれぞれの極小値のまわりで振動しており, 一方の極小点にある粒子が別の極小点に移ることは起こりえない. しかし, 量子力学ではトンネル効果により極小点間を移り変わる運動が可能である. これは, 時間

を虚数に解析接続することで記述される.

t を虚数と考えて, $t = i\tau$ と新しい変数 τ を導入しよう. これにより, ラグランジアンは

$$\mathcal{L} = -m\left(\frac{\partial x(\tau)}{\partial \tau}\right)^2 - V(x) \tag{8.18}$$

と運動エネルギーの項の符号が逆になり, そのためオイラー–ラグランジュの運動方程式は

$$m\frac{\partial^2 x(\tau)}{\partial \tau^2} = \frac{m\omega^2}{2a^2}(x^3 - a^2 x) \tag{8.19}$$

となる. この運動方程式を (8.16) 式と比較すると, 右辺の符号が逆になっている. これは, ポテンシャルの符号が逆, すなわち逆さになったポテンシャル中での運動のように見なせる. このように考えると, この運動方程式には

$$x(\tau) = \tanh[\omega(\tau - \tau_0)/2] \tag{8.20}$$

という解もある.

$x(\tau)$ は図 8.6 に示すように, ポテンシャルの山を乗り越えてもう一つの極小点へと移動する粒子の運動を表わしている. τ_0 はインスタントンが生じる時間で任意の値を取りうる. τ_0 は 3 章で述べたように, 時間に関する並進に伴うゼロ・モードである.

このような運動はエネルギー保存則を破っているので不可能なように思えるが, エネルギーと時間の間の不確定性原理により, ごく短い間だけ粒子のエネルギーが大きくなることは許されると考えるのである. このような運動は, 瞬間的 (instant) に高エネルギーの粒子が現れたようにも見えるので, インスタントンと呼ばれている.

インスタントン解が作用の極値を与えていることを示そう. パラメータ v を持つ, インスタントンに類似した軌道

$$x_v(\tau) = \tanh[v(\tau - \tau_0)/2] \tag{8.21}$$

を考えよう. パラメータ v はポテンシャル障壁を通過する速度を意味してい

8.3 トンネル効果とインスタントン

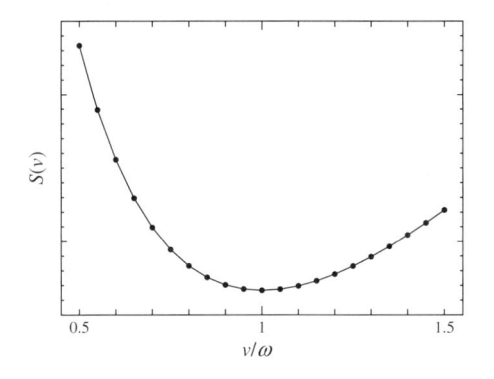

図 8.7 トンネル速度 v と作用の関係を示す.

る. この軌道 $x_v(\tau)$ による作用

$$S(v) = \int_{-\infty}^{\infty} d\tau \left[m\left(\frac{\partial x(\tau)}{\partial \tau}\right)^2 + V(x) \right] \tag{8.22}$$

を図示すると, 図 8.7 のようになる. これから, $v = \omega$ のとき $S(v)$ が最小となっていることがわかる. すなわち (8.20) の軌道 $x(\tau)$ により, 作用は極値を取るのである[*4].

時間 t を虚数と見なすことに, どのような意味があるのだろうか? ひとつは, 2 章でも述べたように, 時間発展演算子 $e^{-iHt/\hbar}$ とボルツマン因子 $e^{-\mathcal{H}/K_BT}$ の類似性を利用して it を温度の逆数と見なし, 経路積分法と統計力学との関連をつけることにある. この考えに基づいて, 8.6 のようなポテンシャルにおいてインスタントン (トンネル効果) による基底エネルギーの低下が計算されている[*5].

一方, 本書で展開してきた電子波の運動について言えば, 虚数の時間は電子波の振幅がトンネル経路を通過するときに減衰することを意味していると考えてよいだろう.

[*4] ただし最小値ではない. また, この量 $S(v)$ はむしろエネルギーの意味を持つ.
[*5] 巻末の参考文献 [4], [6] などを参照のこと.

そこでこの考え方を，これまでの章でも述べてきた角型のポテンシャル障壁のトンネル現象に適用してみよう．変数 τ は厳密な意味では時間とは言えないのであるが，これを"時間"と見なして，動的 WKB 近似に組み入れる．

先に述べた考え方に従って $t = i\tau$ と新たな変数 τ を導入すると，ポテンシャルを障壁ではなく窪みと見ることができ，逆さにしたポテンシャルを一旦下って上るという古典運動とも見なすことができる．実際には，図 8.8 に示したような，ポテンシャル障壁に到達した粒子が壁を上って下るという軌道に対応している．

障壁を通過する速度は，インスタントンによるエネルギーの増加を最小とするように決まる．エネルギー E の粒子が高さ V，幅 L の障壁を時間 T だけかかって通過するとすると，その間のエネルギーの増加を時間で積分したものは

$$\Delta S = \int_0^T \left[\frac{m}{2} v^2 + V - E \right] d\tau = \frac{m}{2} \frac{L^2}{T} + VT - ET \tag{8.23}$$

となる．この式の第 1 項，第 2 項が障壁を通過するときの運動エネルギーとポテンシャルエネルギー (に通過時間を掛けたもの) である．この量 ΔS の極小値を求めるために，通過時間 T で微分してゼロと置くことでトンネル障壁を通過する際の速度が

$$v = \frac{L}{T} = \sqrt{\frac{2}{m}(V - E)} \tag{8.24}$$

と求められる．つまりインスタントン解は，先にも述べたように，虚数時間での作用を極値にするようになっているのである．また (8.24) 式は (3.48) 式で定義されている κ の表式と対応しており，ちょうど $\dfrac{\hbar \kappa}{m} = v$ の関係があることに注意をしておく．

障壁を通過する速度 v のこの表式の意味するところは，障壁の上では電子は大きなポテンシャルエネルギーを持

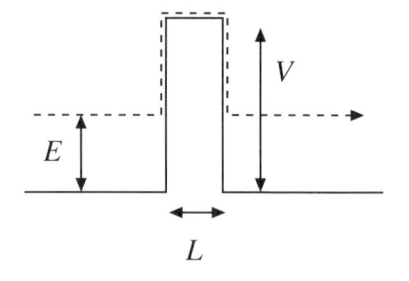

図 8.8 角型のポテンシャル障壁を通過するインスタントンの軌道．

つのでそこを速く通過した方がエネルギー的に得なのであるが，あまり速く進むと運動エネルギーが大きくなってしまい，そのため両者にうまく折り合いをつけるように通過速度が決まる，ということである．

(8.24) 式で与えられる通過速度では，ポテンシャル障壁が高いほど障壁を速く通過することになり，直観的には不可解である．ポテンシャル障壁の通過に要する時間を定めることは大変難しい問題で，数多くの研究がなされているが，いまだ定まった見解は得られていない．ここで示した通過時間の表式は半古典的な描像に基づいた一つの見方によるものであることを断わっておく．

8.4　共鳴トンネル効果の時間解析

これまでこの章で述べてきた方法を用いた解析結果の例として，共鳴トンネル効果について記しておこう[*6]．共鳴トンネル効果とは，図 8.9(左) のように，2 つのポテンシャル障壁を持つ構造に電子が入射してきた場合に起こる現象で，電子波の自己干渉効果が本質的な役割を果たしている．

3 章や 6 章で，角型のポテンシャル障壁が一つだけある場合のトンネル効果については述べた．しかし，近い距離をへだてて 2 つの障壁がある場合には，単純に続けて 2 回トンネル現象が起こるのとは，入射粒子の振る舞いが大きく異なる．入射粒子がある特定のエネルギーを持つ場合に，透過率が非常に大きくなるのである．(理想的には透過率は 1 になる．図 8.10 (右)．)

この現象の要点は，入射してきた電子が 2 つの障壁によって多重散乱されることにある．単一障壁のトンネル効果の際に示したように，粒子はある確率で反射もしくは透過する．従って，図 8.9(左) に示したように粒子の古典軌道がいくつにも分岐した後，観測点において干渉し合うのである．

このような電子の動きを動的 WKB 近似で扱った結果が右の図に示されている．図 8.1, 8.2 と同様にガウス波束は，各時刻での局所軌道関数を表わして

[*6] この節の図は Phys. Rev. B **71** 035334 (2005) より転載．

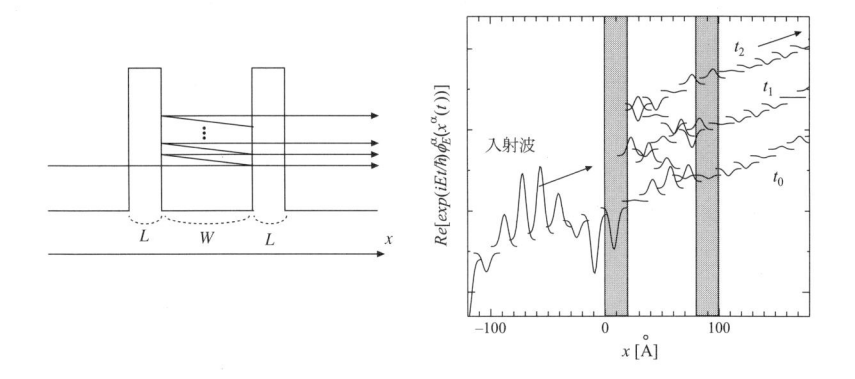

図 8.9 (左) 共鳴トンネル効果の概念図. 二重障壁とそこを通過する電子の軌跡. (右) 共鳴トンネル構造を通過する局所軌道関数の運動.

いる. 図の影を付けた部分がポテンシャル障壁で, ここでは障壁の厚さ L を 20Å, 障壁間の距離 W を 60Å とした. また障壁の高さは 250 meV である. また, 共鳴トンネル効果の観測に良く用いられる半導体材料を想定して, 有効質量を $m^* = 0.07m_0$ としてある. 図の左側から入射してきた状態は, 第一の障壁を通過した後, 第二の障壁で反射あるいは通過する.[*7] さらに第一の障壁でも同じことが起こるので, 電子のある成分は二つの壁の間を何度も往復することになる. また 8.2 節で述べたように, 反射の際には π だけ位相が変化する. 反射あるいは透過のたびに局所軌道関数の振幅は減衰していくが, 図から電子の軌道が各部分波に分岐し, それぞれが往復運動した後透過していく様子がわかる. 図の t_0, t_1, t_2 が, それぞれ 0 回, 1 回, 2 回往復する部分波である.

各部分波は, 2 重障壁を透過した後互いに干渉する. 透過波の振幅は全ての部分波を足し合わせたものであるが, それぞれの部分波は位相因子を持っているので, 部分波の位相がそろっていれば透過波の振幅は足し合わされて大きくなるだろう. 反対に, 部分波間の位相がそろっていなければ部分波は互いに打ち消し合い, 透過波の振幅は小さくなる. 簡単な考察から, 位相が整合する条

[*7] もちろん入射方向へと帰っていく成分もある. この図では透過していく成分だけを表示している.

8.4 共鳴トンネル効果の時間解析

件は，入射粒子のエネルギー E と障壁間の距離に $E = \dfrac{\hbar^2}{2m^*}\left(\dfrac{n\pi}{W}\right)$ (n は正の整数) という関係があることであることが分かる．つまり粒子のエネルギーが，障壁間の領域を量子井戸と見たときの準位のエネルギーに等しい時に共鳴効果が起こるのである[*8]．

もうひとつ重要なのは，部分波は障壁の間を何度か往復運動してから透過するので，時間の遅れを伴うという点である．

時間に依存する透過係数を，入射波の振幅で規格化した透過波の振幅として

$$T_E(x,t) = \frac{\chi_E^{(t)}(x,t)}{\chi_E^{(in)}(x_0)}. \tag{8.25}$$

で定義しよう．この式の分子が透過波の振幅で

$$\chi_E^{(t)}(x,t) = \sum_\alpha \int_{t_0}^{t} e^{iEt'/\hbar} \phi_E^\alpha(x^\alpha(t'))\, dt' \tag{8.26}$$

で表わされる．この式で α は各経路を区別するための指標であり，α についての和は全ての透過経路について取る．また分母

$$\chi_E^{(in)}(x) = \int_{t_0}^{\bar{t}} e^{iEt'/\hbar} \phi_E^\alpha(x^\alpha(t'))\, dt' \tag{8.27}$$

は入射波の振幅で，$\bar{t}$ は電子が最初の壁に到達した時刻である．図 8.10 (左) が時間に依存した透過率 $|T_E(x,t)|^2$ を時間の関数として図示したものである．入射粒子のエネルギーが 154 meV, 140 meV, 120 meV の場合についてプロットしてある．また，$x_0 = -50$Å, $x = 150$Å として計算を行った．(もちろん，$T_E(x,t)$ はこのような観測位置に依存する．)

154 meV というのはこの構造 ($W = 60$Å) での共鳴エネルギーで，これは $E = \dfrac{\hbar^2}{2m^*}\left(\dfrac{\pi}{W}\right)$ すなわち障壁間の量子井戸の第一準位のエネルギーに等しい．入射粒子がこのエネルギーを持つ場合は，位相整合した各部分波が到着するたびに $T_E(x,t)$ が少しずつ増加し，最終的に透過率は 1 になる．

[*8] 有限の高さの障壁の場合，準位のエネルギーは上式からずれるのであるが，この計算では反射の際の位相変化を π としているので，無限大の高さの壁の準位が共鳴エネルギーとなるのである．

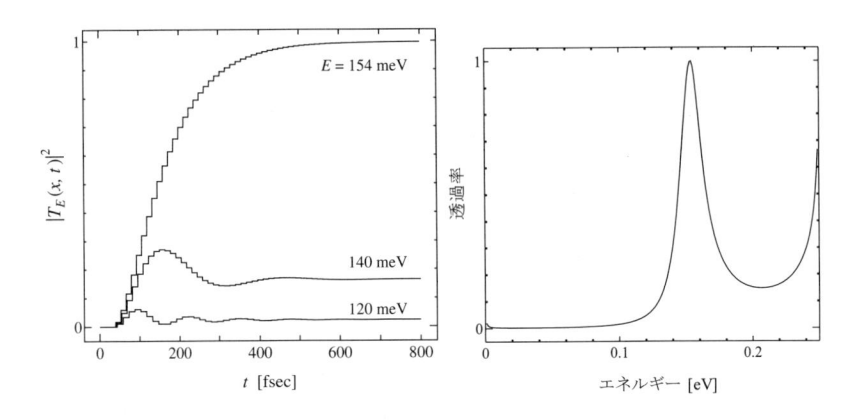

図 8.10　動的 WKB 法で計算した透過率の時間変化 (左) と時間によらない透過率 (右).

　一方,入射粒子のエネルギーが共鳴エネルギーからずれている場合は各部分波の位相がずれており, 140, 120 meV での曲線のように振動しながら定常的な値に近づいて行く.

　この定常値をエネルギーの関数としてプロットしたのが図 8.10 (右) である. これは, WKB 近似の範囲で時間に依らない波動関数を用いて得られる静的な透過率と同じものである.

　この,電子波の動きを追いかけるという方法は,共鳴トンネリングという電子の不思議な振る舞いを理解する上で本質的に重要である.

　次のようなことを考えたことはないだろうか. ちょうど共鳴エネルギーに等しいエネルギーを持つ電子が,二重障壁構造に入射して来たとしよう. "透過率が 1" (従って反射率はゼロ) ということを字義通りに受け取るならば,この電子はそこに壁など存在しないかのように通過して行く,ということになる. しかしこれは全く奇妙だ. まだ一つ目の壁を通り抜けてはいない段階で,電子はなぜ壁の向こう側にあるものを感知しているのだろうか. 電子はこのような非局所性を持っているのだろうか?

　しかし,定常的な波動関数は干渉の結果時間をかけて形成される,という我々の考え方に基づけば,電子の挙動は合理的に理解できる. 先に記したよう

8.5 多次元空間での運動

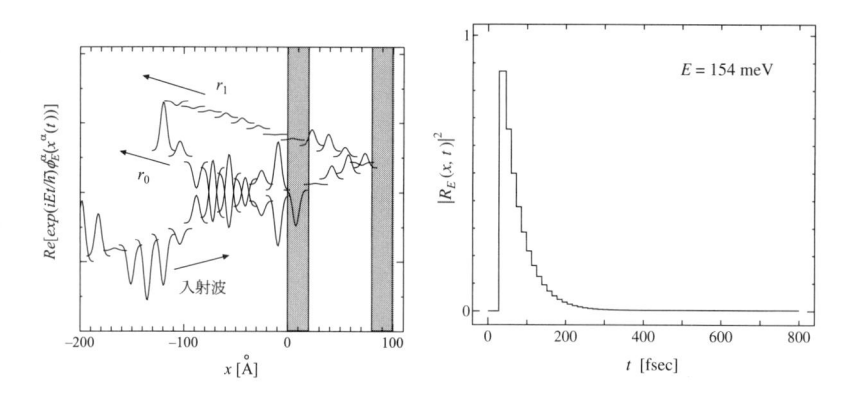

図8.11 (左) 共鳴トンネルで反射される局所軌道関数の運動. (右) 時間に依存する反射率.

なことは誤解にすぎない. 図8.11(左) は, 反射されていく局所軌道関数を示したものである. r_0 が第一の壁で反射される部分波である. r_1 は第二の壁で反射される成分で, 図には示していないが, 壁の間を何度か往復した後元の方向へと帰っていく成分がある. 図8.11(右) には, ちょうど共鳴している場合の時間に依存する反射率を時間の関数として描いてある. (時間に依存する反射率は, (8.25) 式に類似した式で与えられる.)

これから分かるように, 電子は必ず第一の壁で反射される. 第二の壁で反射されて井戸層で多重反射した成分が重なり合い, 反射波の振幅を打ち消していくことで, 時間とともに反射率がゼロに近づいていくのである.

8.5 多次元空間での運動

これまで, もっぱら1次元空間での電子の運動を扱って来た. もちろん実際の運動は3次元空間で行われるのだから, 3次元や2次元空間での経路積分法を考えることには充分な重要性がある. 前節までに述べて来た経路積分による方法は, 多次元空間でも有効である. ポテンシャルが単純な形であり, シュレーディンガー方程式が各座標に変数分離できるならば, 問題は1次元に帰着

される.しかし,そうではない一般的なポテンシャルに対しては厳密なファインマン核を求めることはできないし,計算器を用いて数値的に電子波の動きを計算するのは,多次元空間ではかなりの骨折りとなる.従って,多次元空間での電子波の運動を記述することは,一般的にかなり困難なことなのである.

このような理由で,この節で述べて来た近似的な方法を 2 次元,3 次元空間の運動に拡張しようとするのは自然な考えである.しかし少し考えてみると,電子を点粒子のように扱う方法は,多次元空間ではうまく機能しないように思える.というのも,8.1,8.2 節での考え方の要点は,電子の自己干渉という点にあったのであり,多次元空間は自己干渉をうまく扱えないように思えるからである.これまでの章で見て来たように,固有状態は運動の周期性と結びついていて,周期運動により元の位置に戻ったときに,位相が整合していることが重要であった.しかし電子を点粒子として扱う近似では,厳密に元の位置に戻ってこないかもしれない.そのような場合に電子波の干渉効果をうまく考慮することができるかどうかは定かではない.

この問題に対して最も直接的に困難を回避するには,大きさを持った電子波を考えればよい.たとえば,形を変えることなく古典軌道上を運動するガウス波束を扱うことが提案されている.これは,フローズン ガウシアン (凍りついたガウス関数) と呼ばれている.

また,軌道という考えは表には出なくなるが,半古典近似のファインマン核自体を考えることで,エネルギースペクトルを調べる方法もある.M. C. グッツウィラーにより提案されたこの方法は,グッツウィラーのトレース公式として知られている[*9].この節の最後にこの理論を紹介しよう.

WKB 近似による,3 次元でのエネルギー表示のファインマン核は

$$K(\bm{r}', \bm{r}; E) = -\frac{1}{2\pi\hbar^2} \sum_{\alpha} |D|^{1/2}\, e^{iW(\bm{r}',\bm{r};E)/\hbar - i\varphi} \tag{8.28}$$

である.ここで α は古典軌道を区別するための指標である.W は簡約作用で,運動量を古典経路に沿って積分して

[*9] M. C. Gutzwiller, J. Math. Phys., **12**, 343, (1971).

8.5 多次元空間での運動

$$W(r', r; E) = \int_r^{r'} p\, dr = \int_r^{r'} \sqrt{2m[E - V(r)]}\, dr \tag{8.29}$$

のように得られる. φ は経路中の特異点に由来する位相の変化である. また D は

$$D = \begin{vmatrix} \dfrac{\partial^2 W}{\partial r \partial r'} & \dfrac{\partial^2 W}{\partial r \partial E} \\ \dfrac{\partial^2 W}{\partial E \partial r'} & 0 \end{vmatrix} \tag{8.30}$$

という行列式で, 3次元空間では 4×4 の行列式になる. ((5.15) 式を参照のこと.)

ここで停留位相近似を用いて, (8.28) 式の指数関数の中の関数が極値となる条件を課すと

$$\frac{\partial W(r, r; E)}{\partial r} = \left(\frac{\partial W(r', r; E)}{\partial r} + \frac{\partial W(r', r; E)}{\partial r'} \right)_{r'=r} = p' - p \tag{8.31}$$

を得る. 後の等号は, 式 (3.29), (3.30) で示したように, 位置による作用の微分が運動量となることを用いてある. したがってこの近似では, 周期的な軌道だけがファインマン核に寄与することになる.

作用を停留点のまわりで展開して,

$$W(r, r; E) = W(\bar{r}, \bar{r}; E) + \left(\frac{\partial W}{\partial r'} + \frac{\partial W}{\partial r} \right)_{r'=r=\bar{r}} \cdot \delta q$$

$$+ \frac{1}{2} \left(\frac{\partial^2 W}{\partial r^2} + 2 \frac{\partial^2 W}{\partial r \partial r'} + \frac{\partial^2 W}{\partial r'^2} \right)_{r'=r=\bar{r}} \cdot \delta q^2 \tag{8.32}$$

とする. 1次の変分はゼロであるので, 積分を実行することができて, エネルギー表示のファインマン核に対する古典近似

$$G(E) = -\frac{\sqrt{i}}{\hbar} \sum_{po} \oint d\bar{q}\, |D|^{1/2} e^{iW(E) - i\varphi}$$

$$\times \det \left(\frac{\partial^2 W}{\partial r^2} + 2 \frac{\partial^2 W}{\partial r \partial r'} + \frac{\partial^2 W}{\partial r'^2} \right)^{-1/2} \tag{8.33}$$

を得る．これから，軌道運動により形成されるエネルギー準位やその密度 (状態密度) を求めることができる．この表式をグッツウィラーのトレース公式という．

　ここで紹介した方法やそこから派生した手法は，原子や分子の内部，微細半導体構造などにおける電子の運動，とりわけカオス的な振る舞いの運動を記述し電子状態を解析する目的で，多く用いられている．

付録A
解析力学のまとめ

　本書で示してきたように,経路積分の考え方は古典力学,特にラグランジュ形式の解析力学と深く結びついている.そこで,ここでは経路積分を理解する上で必要となる解析力学についての要点をまとめて示すことにする.

　質量 m の粒子を考え,この粒子の時刻 t での位置すなわち軌道を $x(t)$ と表わす.また,速度は粒子の位置の時間微分であり,これを $\dot{x}(t)$ と表わす.

　この粒子の運動はニュートンの運動方程式

$$m\frac{d^2}{dt^2}x(t) = F(x,t) \tag{A.1}$$

で記述される.ここで $F(x,t)$ は粒子に働く外力である.原理的にはこの方程式を解くことで粒子の運動を求めることができる.しかし一般の力学系では,なんらかの拘束条件が課せられていることが多く,そのような場合にそれぞれの粒子に働く力を求めてニュートンの方程式を導くことは決して容易ではない.たとえば参考文献 [17] の第 1 章で二重振り子の問題が取り上げられているが,これを解析力学を用いずに解くのにかなりの労力を要する.しかし解析力学の手法を用いると,見通しの良い方法で運動方程式を導くことができるのである.

A.1 一般化座標とラグランジアン

ここでは一般化座標と呼ばれる座標系を導入し，この座標系での運動方程式を導く．

まずニュートンの運動方程式を

$$\frac{dp_i}{dt} = -\frac{\partial V}{\partial x_i} \tag{A.2}$$

と表わしておく．x_i は直交座標の i 番目の成分で，p_i はそれに対応した運動量である．自由度を表わす i は単一の粒子を考えているのなら $i = 1 \sim 3$ であるが，一般に多粒子の場合も考えて i はもっと大きくてもよい．運動量は p_i は運動エネルギー

$$T = \sum_i \frac{m}{2} \dot{x}_i^2 \tag{A.3}$$

を用いて

$$p_i = m\dot{x}_i = \frac{\partial T}{\partial \dot{x}_i} \tag{A.4}$$

と求められる．

ここで，一般化座標と呼ばれる座標系[*1] $q_1, q_2, q_3 \cdots$ を導入して，直交座標を q_i の関数として

$$x_i = x_i(q_1, q_2, \cdots, t) \tag{A.5}$$

のように表わす．この式の両辺を時間で微分すると

$$\dot{x}_i = \sum_k \frac{\partial x_i}{\partial q_k} \dot{q}_k \tag{A.6}$$

となるので，この式の両辺を $\dot{q}_k$ で微分すれば

$$\frac{\partial \dot{x}_i}{\partial \dot{q}_k} = \frac{\partial x_i}{\partial q_k} \tag{A.7}$$

という関係を得る．

[*1] たとえば極座標のようなものを考えるとよい．

A.1　一般化座標とラグランジアン

また $\dot{q}_k$ で運動エネルギーを微分すると

$$\frac{\partial T}{\partial \dot{q}_k} = \sum_i \frac{\partial T}{\partial \dot{x}_i}\frac{\partial \dot{x}_i}{\partial \dot{q}_k} = \sum_i p_i \frac{\partial \dot{x}_i}{\partial \dot{q}_k} = \sum_i p_i \frac{\partial x_i}{\partial q_k} \tag{A.8}$$

の関係を得る．この式の左辺の量は運動量の定義式 (A.4) を一般化座標系に拡張したものと見なせるので，一般化運動量という名で呼ばれている．一般化座標での運動方程式は (A.2) 式に類似した形で求められる．そこで (A.8) 式を時間で微分すると

$$\begin{aligned}\frac{d}{dt}\left(\frac{\partial T}{\partial \dot{q}_k}\right) &= \sum_i \left(\frac{dp_i}{dt}\frac{dx_i}{dq_k} + p_i \frac{\partial \dot{x}_i}{\partial q_k}\right) \\ &= \sum_i \left(-\frac{\partial V}{\partial x_i}\frac{\partial x_i}{\partial q_k} + \frac{\partial T}{\partial \dot{x}_i}\frac{\partial \dot{x}_i}{\partial q_k}\right) \\ &= -\frac{\partial V}{\partial q_k} + \frac{\partial T}{\partial q_k}\end{aligned} \tag{A.9}$$

となる．ここでラグランジュ関数

$$\mathcal{L}(q_1, q_2, \cdots, \dot{q}_1, \dot{q}_2, \cdots, t) = T(\dot{q}_1, \dot{q}_2, \cdots, t) - V(q_1, q_2, \cdots, t) \tag{A.10}$$

を導入すると，(A.9) 式は

$$\frac{d}{dt}\left(\frac{\partial \mathcal{L}}{\partial \dot{q}_k}\right) = \frac{\partial \mathcal{L}}{\partial q_k} \tag{A.11}$$

と書き換えられる．これが一般化座標を用いた運動方程式である．次節で示すように，$q_1, q_2, \cdots$ が直交座標であればこれはニュートンの運動方程式に一致することが直ちに示される．

一般化座標を用いたこの手法は，個々の問題に適した座標系を用いることができるという点でたいへん柔軟性に富んでおり，様々な問題を解く際に大きく役立つ．

A.2　最小作用の原理

ラグランジアンを用いた力学の形式は, 最小作用の原理とよばれる一種の変分原理と結びついている.

最小作用の原理とは, 実際に起こる運動は作用と呼ばれる関数

$$S = \int_{t_1}^{t_2} \mathcal{L} \, dt \tag{A.12}$$

を最小値とする軌道である, というものである. ただし, 上式の t_1, t_2 は運動の開始, 終了時刻である. 関数 $\mathcal{L}$ は (A.11) 式で定義されるラグランジアンで, 粒子の位置と速度の関数で,

$$\mathcal{L}(x_1, x_2, \cdots, \dot{x}_1, \dot{x}_2, \cdots, t) = \frac{m}{2} \sum_i \dot{x}_i^2 - V(x_1, x_2, \ldots, t) \tag{A.13}$$

と表わされる. 先に書いたようにラグランジアンは一般化座標とその時間微分の関数であるが, この節では直交座標を用いることにする. また, ラグランジアンが直接時間に依存しないものと仮定する. この式の右辺第 1 項は運動エネルギー, 第 2 項はポテンシャルエネルギーであり, 添字はそれぞれの自由度を表わす. 以下では, 3 次元空間の粒子一つ (自由度 3) を考え

$$\mathcal{L}(x, \dot{x}, t) = \frac{m}{2} \dot{x}^2 - V(x, t) \tag{A.14}$$

とする.

粒子は, 初期時刻 t_1 には位置 x_1 に, 終時刻 t_2 には位置 x_2 にある, という境界条件のもとで運動方程式を導いてみる. 仮に作用を最小とする軌道が求められたとすると (これを $x(t)$ と書く), 運動の軌跡をこれからわずかにでも変化させると, 作用は必ず増大する. 軌道の変化分を δx と書くと, 1 次の微小量の範囲ではラグランジアンは

$$\mathcal{L}(x + \delta x, \dot{x} + \delta \dot{x}, t) \simeq \mathcal{L}(x, \dot{x}, t) + \frac{\partial \mathcal{L}}{\partial x} \cdot \delta x + \frac{\partial \mathcal{L}}{\partial \dot{x}} \cdot \delta \dot{x} \tag{A.15}$$

となる. 従って, 粒子が $x(t) + \delta x(t)$ という軌道を通った場合の作用の 1 次の変化分はこの式の第 2, 3 項より

$$\delta S = \int_{t_1}^{t_2} \left(\frac{\partial \mathcal{L}}{\partial \boldsymbol{x}} \cdot \delta \boldsymbol{x} + \frac{\partial \mathcal{L}}{\partial \dot{\boldsymbol{x}}} \cdot \delta \dot{\boldsymbol{x}} \right) dt \qquad (A.16)$$

と書ける．この式の第 2 項を部分積分すると

$$\begin{aligned} \delta S &= \int_{t_1}^{t_2} \frac{\partial \mathcal{L}}{\partial \boldsymbol{x}} \cdot \delta \boldsymbol{x}\, dt - \int_{t_1}^{t_2} \frac{d}{dt}\left(\frac{\partial \mathcal{L}}{\partial \dot{\boldsymbol{x}}}\right) \cdot \delta \boldsymbol{x}\, dt + \left[\frac{\partial \mathcal{L}}{\partial \dot{\boldsymbol{x}}} \cdot \delta \boldsymbol{x}\right]_{t_1}^{t_2} \\ &= \int_{t_1}^{t_2} \left[\frac{\partial \mathcal{L}}{\partial \boldsymbol{x}} - \frac{d}{dt}\left(\frac{\partial \mathcal{L}}{\partial \dot{\boldsymbol{x}}}\right)\right] \cdot \delta \boldsymbol{x}\, dt + \left[\frac{\partial \mathcal{L}}{\partial \dot{\boldsymbol{x}}} \cdot \delta \boldsymbol{x}\right]_{t_1}^{t_2} \end{aligned} \qquad (A.17)$$

を得る．軌道の端点は境界条件により固定されている．すなわち $\delta \boldsymbol{x}(t_1) = \delta \boldsymbol{x}(t_2) = 0$ なので，この式の第 2 項はゼロである．最小作用の原理により，$\delta S = 0$ が任意の軌道変化 $\delta \boldsymbol{x}$ に対して成り立たなければならないことから，オイラー–ラグランジュの方程式

$$\frac{d}{dt}\left(\frac{\partial \mathcal{L}}{\partial \dot{x}_i}\right) = \frac{\partial \mathcal{L}}{\partial x_i} \qquad (A.18)$$

が導かれる．これは (A.11) と同じ形をしている．ここで添字の i は各自由度を表わす．(A.14) のラグランジアンからオイラー–ラグランジュの方程式を求めると

$$m\ddot{\boldsymbol{x}}(t) = -\frac{\partial V(\boldsymbol{x}, t)}{\partial \boldsymbol{x}} \qquad (A.19)$$

を得る．$F = -\nabla V$ であるからこれはニュートンの運動方程式である．

このようにして最小作用の原理からニュートンの運動方程式を導くことができるのである．この記述からは単にニュートンの方程式をまわりくどい方法で導いたように見えてしまうかもしれない．しかし，作用から運動方程式を導くこの方法はたいへん柔軟性に富んでおり，束縛条件の付いた多自由度の系での運動方程式を導き出す場合などに威力を発揮する．

A.3 時間並進対称性とハミルトニアン

ラグランジアンが時間をあらわに含まない場合は，これを時間で微分して

$$\frac{d\mathcal{L}}{dt} = \frac{\partial \mathcal{L}}{\partial \boldsymbol{x}} \cdot \dot{\boldsymbol{x}} + \frac{\partial \mathcal{L}}{\partial \dot{\boldsymbol{x}}} \cdot \ddot{\boldsymbol{x}} \tag{A.20}$$

となるが, ここに (A.18) 式を用いれば

$$\frac{d\mathcal{L}}{dt} = \frac{d}{dt}\left(\frac{\partial \mathcal{L}}{\partial \dot{\boldsymbol{x}}} \cdot \dot{\boldsymbol{x}}\right) \tag{A.21}$$

と書けるので

$$E = \frac{\partial \mathcal{L}}{\partial \dot{\boldsymbol{x}}} \cdot \dot{\boldsymbol{x}} - \mathcal{L} \tag{A.22}$$

で定義される量 E は時間に依存しない. つまり

$$\frac{dE}{dt} = 0 \tag{A.23}$$

がなりたつ. この量 E をエネルギーとよぶ. すなわち, 系が時間依存性を持たないときにはエネルギーは不変である.

$\boldsymbol{p} = \dfrac{\partial \mathcal{L}}{\partial \dot{\boldsymbol{x}}}$ として一般運動量を定義すると (A.22) 式は

$$\mathcal{H}(\boldsymbol{p}, \boldsymbol{x}) = \boldsymbol{p} \cdot \dot{\boldsymbol{x}} - \mathcal{L} \tag{A.24}$$

とも書ける. この式でハミルトニアン $\mathcal{H}$ を定義する. これは変数を $(\boldsymbol{x}, \dot{\boldsymbol{x}})$ から $(\boldsymbol{x}, \boldsymbol{p})$ に変更したことになっている. このような変数の変換をルジャンドル変換とよぶ. また

$$d\mathcal{H} = d\boldsymbol{p} \cdot \dot{\boldsymbol{x}} + \boldsymbol{p} \cdot d\dot{\boldsymbol{x}} - \frac{\partial \mathcal{L}}{\partial \boldsymbol{x}} \cdot \boldsymbol{x} - \frac{\partial \mathcal{L}}{\partial \dot{\boldsymbol{x}}} \cdot \dot{\boldsymbol{x}}$$

$$= d\boldsymbol{p} \cdot \dot{\boldsymbol{x}} - \dot{\boldsymbol{p}} \cdot d\boldsymbol{x} \tag{A.25}$$

の関係がある. 系が時間並進にたいして不変であるときには, エネルギーと同様にハミルトニアンは時間に依存しない. すなわち

$$\frac{d\mathcal{H}}{dt} = 0 \tag{A.26}$$

である.

従って、時間にあらわに依存しないハミルトニアンの完全微分は

A.3 時間並進対称性とハミルトニアン

$$d\mathcal{H} = \frac{\partial \mathcal{H}}{\partial \boldsymbol{p}} \cdot \boldsymbol{p} + \frac{\partial \mathcal{H}}{\partial \boldsymbol{x}} \cdot \boldsymbol{x}$$

$$= \dot{\boldsymbol{x}} \cdot d\boldsymbol{p} - \dot{\boldsymbol{p}} \cdot d\boldsymbol{x} \tag{A.27}$$

であるので，正準方程式

$$\dot{x}_i = \frac{\partial \mathcal{H}}{\partial p_i}, \qquad \dot{p}_i = -\frac{\partial \mathcal{H}}{\partial x_i} \tag{A.28}$$

が導かれる．(A.28) 式から，微小時間 ϵ における座標と運動量の変化は

$$\delta x_i = \epsilon \frac{\partial \mathcal{H}}{\partial p_i}$$

$$\delta p_i = -\epsilon \frac{\partial \mathcal{H}}{\partial x_i} \tag{A.29}$$

あるいはベクトルの形にまとめて

$$\eta = \begin{pmatrix} x \\ p \end{pmatrix} \tag{A.30}$$

として

$$\delta \eta = \epsilon J \frac{\partial \mathcal{H}}{\partial \eta} \tag{A.31}$$

と，ハミルトニアンを用いて書ける．ただし

$$J = \begin{pmatrix} 0 & 1 \\ -1 & 0 \end{pmatrix}$$

である．

このようなことから，ハミルトニアンは時間発展の母関数であると言われる．量子論における時間発展の演算子が $e^{-i\mathcal{H}t/\hbar}$ (微小時間ならば $1 - i\mathcal{H}\epsilon/\hbar$) であることの背景には，古典力学におけるこのような性質があるのである．

また，座標と運動量の関数 $f(\boldsymbol{x}, \boldsymbol{p})$ の時間による微分は

$$\frac{df}{dt} = \sum_i \left(\frac{\partial f}{\partial x_i} \dot{x}_i + \frac{\partial f}{\partial p_i} \dot{p}_i \right)$$

$$= \sum_i \left(\frac{\partial f}{\partial x_i} \frac{\partial \mathcal{H}}{\partial x_i} - \frac{\partial \mathcal{H}}{\partial p_i} \frac{\partial f}{\partial p_i} \right)$$

$$= \{f, \mathcal{H}\} \tag{A.32}$$

と書ける．最後の等号では次式で定義されるポアソン括弧

$$\{A, B\} = \sum_i \left(\frac{\partial A}{\partial x_i} \frac{\partial B}{\partial p_i} - \frac{\partial B}{\partial x_i} \frac{\partial A}{\partial p_i} \right) \tag{A.33}$$

を用いて表記してある．

古典力学での運動方程式に現れるポアソン括弧を交換子に置き換えることで，量子論での運動方程式 (ハイゼンベルグの運動方程式) が得られるという対応関係が知られている．

付録B

状態ベクトルを用いた表記

B.1 状態ベクトルを用いた関数の表現

本書ではブラケット記法による表記を多用した. この表記法は行列要素などの量や, 異なる表示間の関係式を簡潔に表わせる点で優れたものであるが, これに慣れていない初学者には分かりにくい面もある. そこで, この節でブラケット記法の要点をまとめておく.

まずは直観的で少々荒っぽい議論により, 関数をベクトルと見なすことができる, ということを示したい. 図に示すように x 座標の離散的な点を取り, そこでの関数値 $f_i \equiv f(x_i)$ を並べたものは多次元空間内のベクトルと見なしてもよいだろう[*1]. そしてこのベクトルは関数 $f(x)$ を近似的に表現している. 従って

$$f(x) \longleftrightarrow (f_1, f_2, f_3, f_4, \cdots) \tag{B.1}$$

という対応を付けることができる.

もちろん x は連続的な値を取るので, このように離散的な表わし方をするのは正確ではないのだが, x が連続であっても無限大の次元を持つ空間内のベクトルであると見なすことにする. そうすると, 2つの関数の内積という量を

[*1] ここでは1変数の関数を考えているので空間の次元は1である. これと "多次元空間のベクトル" というときの "多次元" を混同しないように.

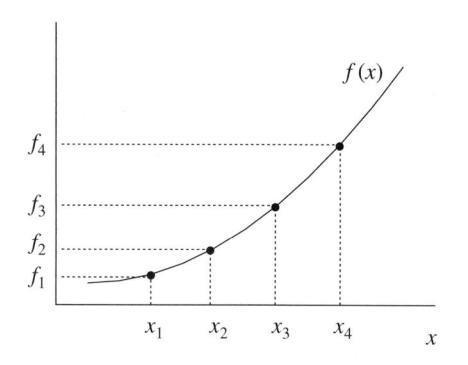

導入できて，これを

$$g_1^* f_1 + g_2^* f_2 + g_3^* f_3 + \cdots \simeq \int g^*(x) f(x) \, dx \tag{B.2}$$

で定義する[*2]．

この式で $g(x)$ が複素共役になっているのは，ベクトルの長さの 2 乗すなわち自分自身との内積が

$$\int f^*(x) f(x) \, dx = \int |f(x)|^2 \, dx \geq 0 \tag{B.3}$$

と，恒に正の値となるようにするためである[*3]．通常のベクトルと同じように，内積がゼロの時 2 つの関数は直交しているという．

次に，関数 $f(x)$ を適当な関数系の一次結合で表わしてみる．すなわち

$$f(x) = \sum_i c_i^\alpha \phi_i^\alpha(x) \tag{B.4}$$

の様に書き表わす．ただしこの式の $\phi_i^\alpha(x)$ はエルミート演算子 $\hat{\alpha}$ の固有関数で，

$$\hat{\alpha} \phi_i^\alpha(x) = \alpha_i \phi_i^\alpha(x) \tag{B.5}$$

[*2] 積分範囲は考えている系による．例えば角運動量の固有関数では $0 < x < 2\pi$ である．ここでは，積分範囲をあらわに示さないことにする．
[*3] 量子力学では波動関数の 2 乗に確率密度という意味を持たせるため，これが負の値を取ることがないよう定義しておくのである．

B.1 状態ベクトルを用いた関数の表現

が成り立っているとする. (右辺の α_i は固有値である. 演算子である $\hat{\alpha}$ とは違うことに注意.) エルミート演算子の固有関数系は直交系をなすことが知られているので, (B.4) 式のように表わすことに問題はない. 一般には量子数 i は連続値を取りうるのだが, 便宜上当面, 離散的な場合に限ることとする. i が連続値の時は, 和を積分にするだけで同じ表式を用いることができる. (B.4) 式の展開係数 c_i^α を求めるには, この式に $\phi_i^{\alpha*}(x)$ を掛けて積分し, 直交性を用いればよく

$$c_i = \int \phi_i^{\alpha*}(x) f(x) \, dx \tag{B.6}$$

と求められる.

このことは, 演算子 $\hat{\alpha}$ の固有関数系を基底に取るという前提の下で, 関数 $f(x)$ と係数 c_i^α を同一視できることを表わしている. すなわち

$$f(x) \longleftrightarrow \begin{pmatrix} c_1^\alpha \\ c_2^\alpha \\ c_3^\alpha \\ \vdots \end{pmatrix} \tag{B.7}$$

という対応が付けられ, 関数 $f(x)$ の代わりに係数 c_i^α を用いてもよいことを意味している. このような関数の表現の仕方を α 表示と呼ぶことにする. このことは, 関数を (先に述べた例とはまた違った意味での) 多次元空間内のベクトルと見なすことができることを示している.

ここまでで, 我々は関数 $f(x)$ に対する 2 種類のベクトル表現を得た. これらは全く違ったもののように見えるが, 何か関連があるのだろうか?

その問いに答える前に, 典型的な表示の例として, $\hat{\alpha}$ が運動量演算子である場合を記しておく. 運動量演算子の固有関数は平面波なので, これを $\phi_{p_i}(x) = \dfrac{e^{ip_i x/\hbar}}{\sqrt{2\pi\hbar}}$ として (B.4), (B.6) 式は

$$f(x) = \frac{1}{\sqrt{2\pi\hbar}} \int dp_i \, c_i^p \, e^{ip_i x/\hbar} \tag{B.8}$$

$$c_i^p = \frac{1}{\sqrt{2\pi\hbar}} \int e^{-ip_i x/\hbar} f(x)\, dx \tag{B.9}$$

となる．この場合，係数 c_i^p はちょうど関数 $f(x)$ のフーリエ変換になっていることが見て取れる．

同じことを，位置の演算子についても行ってみる．位置演算子 $\hat{x}$ の固有関数はデルタ関数であり，固有値を x_i とすると

$$\hat{x}\delta(x - x_i) = x_i\delta(x - x_i) \tag{B.10}$$

が成り立つので，展開係数を f_i として[*4]，関数 $f(x)$ は

$$f(x) = \sum_i f_i \delta(x - x_i) \tag{B.11}$$

と書き表すことができる．(ただし，先にも書いたように位置変数は連続的な値をとるので，正しくは

$$f(x) = \int f_i \delta(x - x_i)\, dx_i \tag{B.12}$$

のように書かなければならない．) ここで係数 f_i は

$$f_i = \int \delta(x - x_i) f(x)\, dx \tag{B.13}$$

である．しかし (B.13) 式から容易に分かるように，この係数 f_i は，点 $x_1, x_2, \cdots$ での関数値であるから，位置演算子の固有関数を使った表示は，この節の初めに述べた，関数を離散化してベクトルと見なすことと全く同じである．

つまり，広い意味で関数をベクトルと見なすということは，適当な正規直交系を用いて，(B.6), (B.7) のような係数からなるベクトルで関数を表現するということであり，位置表示はその内の一つに過ぎないのである．

このような見方に立てば，元々の関数自体も位置表示での展開係数であるとの解釈が成り立つ．従って，関数 $f(x)$ を

$$f(x) \longleftrightarrow f_i = \int \delta(x - x_i) f(x)\, dx \tag{B.14}$$

[*4] この係数はこれまで用いて来た記法では c_i^x と書くべきものである．これを f_i と書いた理由は後の議論から明らかであろう．

B.1 状態ベクトルを用いた関数の表現

と位置基底と関数の内積で表わすことができる．

関数がある種の内積であるというこの結果は，状態ベクトルという，多次元空間内[*5] の抽象的なベクトルを導入し，関数を状態ベクトルの内積として

$$f(x) = \langle x|f\rangle \tag{B.15}$$

のように書き表わしておくと便利である．この式の $|f\rangle$ や $\langle x|$ が状態ベクトルで，$\langle\cdots|\cdots\rangle$ が内積を表わしている．$\langle\cdots|$ はブラベクトル，$|\cdots\rangle$ はケットベクトルという．この名は，それぞれが括弧 (ブラケット) の片割れであるということから付けられたものである．

他の関数も同じ様に表わせて，たとえば

$$g^*(x) = \langle g|x\rangle \tag{B.16}$$

のように書けるので，内積は

$$\int g^*(x) f(x)\, dx = \int dx \langle g|x\rangle\langle x|f\rangle = \langle g|f\rangle \tag{B.17}$$

と表わすことができる．すなわち

$$\int dx |x\rangle\langle x| = \mathbf{1} \tag{B.18}$$

という関係があることがわかる．この式の右辺は恒等演算子 (あるいは単位行列) である．この関係を完備性という．

完備性関係を用いると関数 $f(x)$ は

$$f(x) = \langle x|f\rangle = \int dx' \langle x|x'\rangle\langle x'|f\rangle \tag{B.19}$$

と書けるが，これから位置基底の直交性

$$\langle x|x'\rangle = \delta(x - x') \tag{B.20}$$

を得る．

このような表式は，位置表示だけではなく他の表示でも同様に成り立つ．たとえば，内積は運動量表示を用いて

[*5] このような多次元空間をヒルベルト空間と呼ぶ．

$$\int dp\, g^*(p) f(p) = \int dp \langle g|p\rangle\langle p|f\rangle = \langle g|f\rangle \tag{B.21}$$

のようにも書けるのである．この式で定義された内積は (B.17) と同じものである．内積を $\langle g|f\rangle$ と書いておくと表示には依らないのである．また直交性

$$\langle p|p'\rangle = \delta(p - p') \tag{B.22}$$

や完備性

$$\int dp\, |p\rangle\langle p| = \mathbf{1} \tag{B.23}$$

も同様に成り立つ．ここで運動量表示での関数 f (つまり式 (B.9) の c_i^p) は

$$f(p) = \langle p|f\rangle = \frac{1}{\sqrt{2\pi\hbar}} \int dx\, e^{-ipx/\hbar} f(x) = \int dx\, \langle p|x\rangle\langle x|f\rangle \tag{B.24}$$

である．これが関数 $f(x)$ のフーリエ変換だったことを思い出してみると，フーリエ逆変換

$$f(x) = \langle x|f\rangle = \frac{1}{\sqrt{2\pi\hbar}} \int dp\, e^{ipx/\hbar} f(p) = \int dp\, \langle x|p\rangle\langle p|f\rangle \tag{B.25}$$

も得ることができる．

これらの表式と，通常のフーリエ変換の表式を見比べることで

$$\langle p|x\rangle = \frac{1}{\sqrt{2\pi\hbar}} e^{-ipx/\hbar}$$

$$\langle x|p\rangle = \frac{1}{\sqrt{2\pi\hbar}} e^{ipx/\hbar} \tag{B.26}$$

であることがわかる．従って，フーリエ変換とは，完備性の式を挿入することで表示の変更を行っている，とも見ることができるのである．

以上に述べた，ヒルベルト空間の状態ベクトルによる関数の表示は，3 次元空間でのベクトルの表示と類似をつけると理解しやすいだろう．

3 次元空間の任意のベクトルは，基底と呼ばれる一次独立な 3 つのベクトルの一次結合で

B.1 状態ベクトルを用いた関数の表現

$$A = A_1 x_1 + A_2 x_2 + A_3 x_3 \tag{B.27}$$

と表わすことができる．基底は 1 次独立でありさえすればどのように取ってもよいが，素直に考え，正規直交系を成すよう取って

$$\begin{aligned} x_1 &= (1,0,0) \\ x_2 &= (0,1,0) \\ x_3 &= (0,0,1) \end{aligned} \tag{B.28}$$

とする (左の図)．

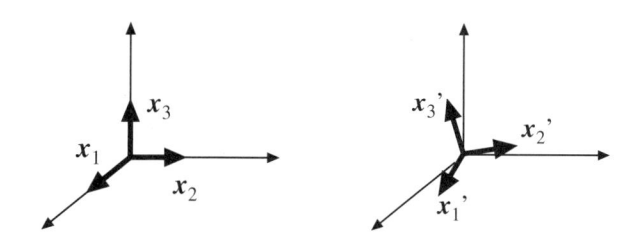

この基底を用いるとベクトル A は $A = (A_1, A_2, A_3)$ と表わされる．しかし，右図のように他の正規直交基底 x'_1, x'_2, x'_3 を用いて

$$A = A'_1 x'_1 + A'_2 x'_2 + A'_3 x'_3 \tag{B.29}$$

と表わすこともできる．この場合には $A = (A'_1, A'_2, A'_3)$ で，同じベクトルが先の表示とは異なったように表示される．これらの表示は座標回転を表わす変換行列 (つまりユニタリー変換) によって結ばれているのである．

また，上記の基底に対して直交性

$$\boldsymbol{x}_1 \cdot \boldsymbol{x}_1^t = (1,0,0)\begin{pmatrix}1\\0\\0\end{pmatrix} = 1$$

$$\boldsymbol{x}_1 \cdot \boldsymbol{x}_2^t = (1,0,0)\begin{pmatrix}0\\1\\0\end{pmatrix} = 0$$

$$\vdots$$
$$etc. \tag{B.30}$$

および完備性

$$\sum_{i=1}^{3} \boldsymbol{x}_i^t \cdot \boldsymbol{x}_i = \begin{pmatrix}1\\0\\0\end{pmatrix}(1,0,0) + \cdots = \begin{pmatrix}1&0&0\\0&0&0\\0&0&0\end{pmatrix} + \cdots$$

$$= \begin{pmatrix}1&0&0\\0&1&0\\0&0&1\end{pmatrix} \tag{B.31}$$

が成り立つことは直ちに分かる.

B.2　変換理論と固有値問題

前節で記述した α 表示では演算子 $\hat{\alpha}$ が対角形になっている. 例えば, 運動量表示では運動量演算子の行列が

B.2 変換理論と固有値問題

$$\langle p_i|p|p_j\rangle = \frac{1}{2\pi\hbar}\int dx\, e^{-ip_ix/\hbar}\left(-i\hbar\frac{\partial}{\partial x}\right)e^{ip_jx/\hbar}$$

$$= p_i\,\delta_{i,j} = \begin{pmatrix} p_1 & & & \\ & p_2 & & \\ & & p_3 & \\ & & & \ddots \end{pmatrix} \tag{B.32}$$

となるし,位置表示では同様に

$$\langle x_i|x|x_j\rangle = x_i\,\delta_{i,j} = \begin{pmatrix} x_1 & & & \\ & x_2 & & \\ & & x_3 & \\ & & & \ddots \end{pmatrix} \tag{B.33}$$

と位置演算子の行列が対角行列となる.もちろん非対角成分はゼロである.

様々な表示のうち,これらの表示と並んで最も重要なものは,ハミルトニアン演算子を対角化する表示すなわちエネルギー表示であろう.ハミルトニアンの固有関数を $\phi_i(x)$ とすると,ハミルトニアンの行列表現は

$$\langle \phi_i|\mathcal{H}|\phi_j\rangle = \int \phi_i^*(x)\,\mathcal{H}\,\phi_j(x)\,dx = \int \langle\phi_i|x\rangle\langle x|\mathcal{H}|x'\rangle\langle x'|\phi_j\rangle\,dx\,dx'$$

$$= \varepsilon_i\delta_{i,j} = \begin{pmatrix} \varepsilon_1 & & & \\ & \varepsilon_2 & & \\ & & \varepsilon_3 & \\ & & & \ddots \end{pmatrix} \tag{B.34}$$

と対角成分にエネルギー固有値が並ぶ形になる.重要であるとはいうものの,時間によらないシュレーディンガー方程式を解いて固有関数と固有値を求めることが量子力学的計算の主たる (そしてしばしば困難な) 目的なのだから,エネルギー表示を得るのは決して容易なことではない.

そこで, まず他の表示でハミルトニアンの行列表現を求めておいて, それをエネルギー表示に変換する, という方法が用いられることが多い. たとえば, 運動量表示で表わしたハミルトニアンの行列 $\langle p_\ell|\mathcal{H}|p_k\rangle$ は

$$\langle \phi_i|\mathcal{H}|\phi_j\rangle = \sum_{\ell,k} \langle \phi_i|p_\ell\rangle\langle p_\ell|\mathcal{H}|p_k\rangle\langle p_k|\phi_j\rangle \tag{B.35}$$

という形でエネルギー表示の行列と結びついている. (ここで運動量基底 $|p_\ell\rangle$ の完備性を用いてある. また運動量は離散変数のように書いてあるが, 必要に応じて和を積分と見なすものとしておく.) これが行列演算であることは, この式を

$$\left(\quad \mathcal{H}^E \quad\right) = \left(\quad U^\dagger \quad\right)\left(\quad \mathcal{H}^p \quad\right)\left(\quad U \quad\right) \tag{B.36}$$

と書いてみると分かりやすいだろう. ここで上付き添え字の E, p はそれぞれエネルギー表示, 運動量表示を意味している. また変換行列の U は

$$\left(\quad U \quad\right) = \langle p_k|\phi_i\rangle \tag{B.37}$$

である. この行列は

$$U^\dagger U = \sum_k \langle \phi_i|p_k\rangle\langle p_k|\phi_j\rangle = \langle \phi_i|\phi_j\rangle = \delta_{i,j} = \mathbf{1} \tag{B.38}$$

という性質を持っている. すなわち U はユニタリー行列である. つまり異なる表示はユニタリー変換によって結び付けられているのである.

全く同様に, 位置表示のハミルトニアン $\langle x_\ell|\mathcal{H}|x_k\rangle$ を用いて

$$\langle \phi_i|\mathcal{H}|\phi_j\rangle = \sum_{\ell,k} \langle \phi_i|x_\ell\rangle\langle x_\ell|\mathcal{H}|x_k\rangle\langle x_k|\phi_j\rangle \tag{B.39}$$

あるいは行列で

$$\left(\quad \mathcal{H}^E \quad\right) = \left(\quad V^\dagger \quad\right)\left(\quad \mathcal{H}^x \quad\right)\left(\quad V \quad\right) \tag{B.40}$$

B.2 変換理論と固有値問題

と表わすこともできる. この場合の変換行列は

$$\begin{pmatrix} & & \\ & V & \\ & & \end{pmatrix} = \langle x_k | \phi_i \rangle \tag{B.41}$$

である.

さらにこれらの表式から, 運動量表示と位置表示の関係

$$\begin{pmatrix} & \\ \mathcal{H}^p \\ & \end{pmatrix} = \begin{pmatrix} & \\ U^\dagger \\ & \end{pmatrix}^{-1} \begin{pmatrix} & \\ V^\dagger \\ & \end{pmatrix} \begin{pmatrix} & \\ \mathcal{H}^x \\ & \end{pmatrix} \begin{pmatrix} & \\ V \\ & \end{pmatrix} \begin{pmatrix} & \\ U \\ & \end{pmatrix}^{-1} \tag{B.42}$$

が導かれる. この時 VU^{-1} が変換行列の役割を果たしている. これは位置表示と運動量表示の間の関係を付けるものであるから, 前節の (B.26) と同じものである[*6].

以上の結果を利用して, シュレーディンガー方程式は, 適当な直交関数系で表わしたハミルトニアンを (多くの場合コンピュータの利用が必要であるが) 対角化することで解くことができるのである.

エネルギー固有値は対角化された行列の対角成分として得られるし, 固有関数はその際の固有ベクトルから求められる. 運動量表示を例に取れば, 固有関数は (B.35) 式から

$$|\phi_j\rangle = \sum_k |p_k\rangle \langle p_k | \phi_j \rangle \tag{B.43}$$

あるいはこの式の位置表示を取り (B.37) 式を用いると

$$\phi_j(x) = \frac{1}{\sqrt{2\pi\hbar}} \sum_k U_{kj} e^{-ip_k x/\hbar} \tag{B.44}$$

であることがわかる. すなわち固有関数は行列 U の各列からなるベクトルを展開係数として, 平面波関数の線形結合で展開されるのである.

シュレーディンガー方程式をこのように基底のユニタリー変換によって解く方法は, 変分原理からも導くことができる.

[*6] 従ってフーリエ変換もユニタリー変換の一種である.

時間によらないシュレーディンガー方程式

$$\mathcal{H}\phi(x) = \varepsilon\,\phi(x) \tag{B.45}$$

から,エネルギーの期待値を ϕ の関数として形式的に

$$\varepsilon[\phi] = \frac{\langle\phi|\mathcal{H}|\phi\rangle}{\langle\phi|\phi\rangle} \tag{B.46}$$

と表わすことができる.ここで $\phi(x)$ は今のところ未知の関数である.

ここでいう変分原理とは, ε を最小にする関数 $\phi(x)$ がシュレーディンガー方程式の解になる,というものである.従って,真の $\phi(x)$ からわずかに関数を変化させると, ε は必ず大きくなる.言い換えると, $\phi(x)$ の関数としての ε は真の解に対して極小値を取るのである.

この考えに基づいて,形式的に $\phi(x)$ に関する $\varepsilon[\phi]$ の微分を取り,それをゼロと置いてみよう.普通の微分と区別するために,関数の変化分を $\delta\phi$ と書いて

$$\frac{\delta\varepsilon}{\delta\phi} = \frac{\left[\dfrac{\delta\langle\phi|\mathcal{H}|\phi\rangle}{\delta\phi}\langle\phi|\phi\rangle - \dfrac{\delta\langle\phi|\phi\rangle}{\delta\phi}\langle\phi|\mathcal{H}|\phi\rangle\right]}{|\langle\phi|\phi\rangle|^2} = 0 \tag{B.47}$$

が, $\phi(x)$ を決める条件となる.これは (B.46) 式を用いると

$$\frac{\delta\langle\phi|\mathcal{H}|\phi\rangle}{\delta\phi} = \varepsilon\,\frac{\delta\langle\phi|\phi\rangle}{\delta\phi} \tag{B.48}$$

と書ける[*7].しかし,"関数 $\phi(x)$ について微分する" という操作がきちんと定義されていないとこれ以上の計算の仕様がない.そこで, $\phi(x)$ を直交系 $\eta_i(x)$ で展開し

$$\phi(x) = \sum_i c_i\,\eta_i(x) \tag{B.49}$$

と表わし,係数 c_i の変化を $\phi(x)$ の変化と見なすことにする.

(B.49) 式とその複素共役を

[*7] $\phi(x)$ の変化分を取るときに勝手な変化は取れず, $\langle\phi|\phi\rangle = 1$ が満たされていないといけないと思うかもしれないが,いまその必要はない.それは (B.46) の右辺の分母によって保証されている.あるいは (B.48) の右辺の ε が条件付き変分問題におけるラグランジュの未定定数になっている,といっても同じことである.

B.2 変換理論と固有値問題

のように表わしておくと表記が分かりやすい．これを使うと (B.48) 式の構成要素を

$$|\phi\rangle = (|\eta_1\rangle, |\eta_2\rangle, |\eta_3\rangle, \cdots) \begin{pmatrix} c_1 \\ c_2 \\ c_3 \\ \vdots \end{pmatrix} \quad \langle\phi| = (c_1^*, c_2^*, c_3^*, \cdots) \begin{pmatrix} \langle\eta_1| \\ \langle\eta_2| \\ \langle\eta_3| \\ \vdots \end{pmatrix} \tag{B.50}$$

$$\langle\phi|\mathcal{H}|\phi\rangle = (c_1^*, c_2^*, c_3^*, \cdots) \begin{pmatrix} \mathcal{H}_{11} & \mathcal{H}_{12} & \\ \mathcal{H}_{21} & \mathcal{H}_{22} & \\ & & \ddots \end{pmatrix} \begin{pmatrix} c_1 \\ c_2 \\ \vdots \end{pmatrix} \tag{B.51}$$

$$\langle\phi|\phi\rangle = (c_1^*, c_2^*, c_3^*, \cdots) \begin{pmatrix} 1 & 0 & \\ 0 & 1 & \\ & & \ddots \end{pmatrix} \begin{pmatrix} c_1 \\ c_2 \\ \vdots \end{pmatrix} \tag{B.52}$$

と表わすことができる．ただし $\mathcal{H}_{ij} = \langle\eta_i|\mathcal{H}|\eta_j\rangle$ である．ここで ϕ での微分の代わりに c_i^* での微分を取って

$$\begin{pmatrix} \mathcal{H}_{11} & \mathcal{H}_{12} & \\ \mathcal{H}_{21} & \mathcal{H}_{22} & \\ & & \ddots \end{pmatrix} \begin{pmatrix} c_1 \\ c_2 \\ \vdots \end{pmatrix} = \varepsilon \begin{pmatrix} c_1 \\ c_2 \\ \vdots \end{pmatrix} \tag{B.53}$$

という関係式を得る．これは良く知られた行列の固有値問題を表わす方程式である．幾何学的な解釈をすれば，行列 $\mathcal{H}_{ij}$ の働きはヒルベルト空間内のベクトルに対する 1 次変換で，この 1 次変換で方向の変わらないベクトルが固有ベクトル，その際のベクトルの長さの変化率が固有値である．知られているように，この方程式の解は永年方程式

$$\det|\mathcal{H}_{ij} - \varepsilon\delta_{i,j}| = 0 \tag{B.54}$$

を解くことで得られる．

つまり，直交基底を用いることで微分方程式を線形代数の問題に置き換えることができたのである．

すなわち η 表示のハミルトニアン行列 $\mathcal{H}_{ij}$ を対角化すれば，その固有値として電子のエネルギーが得られ，固有ベクトルから固有関数が得られる．つまり固有ベクトルをそれぞれの列とする行列 W を変換行列としてハミルトニアンの行列をユニタリー変換すると

$$\left(\begin{array}{c} W \end{array} \right)^{-1} \left(\begin{array}{c} \mathcal{H}^{\eta} \end{array} \right) \left(\begin{array}{c} W \end{array} \right) = \begin{pmatrix} \varepsilon_1 & & & \\ & \varepsilon_2 & & \\ & & \varepsilon_3 & \\ & & & \ddots \end{pmatrix} \quad (B.55)$$

と，エネルギー固有値が並んだ対角行列が得られるのである．これは (B.36) 式と同じものである．

時間に依らない摂動論との関係

以上に示した基底の変換によりシュレーディンガー方程式を解く方法は，時間に依らない摂動論と結びついている．時間に依らない摂動論は広く用いられている，とても良く知られた方法であるが，ここでは簡単のため基底の数を 2 つに取って，この方法について述べる．

ハミルトニアンが $\mathcal{H} = \mathcal{H}_0 + \hat{V}$ と 2 つの部分に分けられて，なおかつ $\mathcal{H}_0$ についてのシュレーディンガー方程式が厳密に解けているものとしよう．この場合，$\mathcal{H}_0$ の固有関数系 $\phi_i^{(0)}(x)$ （これに対応する固有値を $\varepsilon_i^{(0)}$ とする．また $i = 1, 2$ である．）を基底に取ることができる．上付きの添字 (0) は $\hat{V}$ の影響を無視していることを表わす．

これにより $\mathcal{H}$ の行列表現は

B.2　変換理論と固有値問題

$$\begin{pmatrix} \varepsilon_1^{(0)} & V \\ V^* & \varepsilon_2^{(0)} \end{pmatrix}$$

となる．ここで $V = \langle \phi_1^{(0)} | \hat{V} | \phi_2^{(0)} \rangle$ である．先に述べたように，この行列の固有値がハミルトニアン $\mathcal{H}$ の固有エネルギーになり，それらは永年方程式から

$$\varepsilon_i = \frac{\varepsilon_1^{(0)} + \varepsilon_2^{(0)}}{2} \pm \frac{1}{2}\sqrt{(\varepsilon_1^{(0)} - \varepsilon_2^{(0)})^2 + 4|V|^2} \tag{B.56}$$

と求めることができる．

さらに，二項定理の一般形

$$(1+x)^{1/2} = 1 + \frac{x}{2} + \cdots \qquad (x < 1) \tag{B.57}$$

を用いると，エネルギーは

$$\varepsilon_1 = \varepsilon_1^{(0)} + \frac{|V|^2}{\varepsilon_1^{(0)} - \varepsilon_2^{(0)}} + \cdots$$

$$\varepsilon_2 = \varepsilon_2^{(0)} + \frac{|V|^2}{\varepsilon_2^{(0)} - \varepsilon_1^{(0)}} + \cdots \tag{B.58}$$

と書ける．固有エネルギーに対するこの表式は $|V|$ の 2 乗を含んでおり，2 次摂動による表式と同じものである．上記の展開が成り立つためには V は小さくなければならず，

$$\frac{4|V|^2}{|\varepsilon_1^{(0)} - \varepsilon_2^{(0)}|^2} < 1 \tag{B.59}$$

という条件が必要である．(もちろん展開の初めの数項で良い近似値が得られるためにはもっと強い条件が必要である．)

付録C

公式

ガウス積分に関連した定積分

$$\int_{-\infty}^{\infty} e^{-ax^2} dx = \sqrt{\frac{\pi}{a}} \tag{C.1}$$

$$\int_{-\infty}^{\infty} e^{-iax^2} dx = \sqrt{\frac{\pi}{ia}} \tag{C.2}$$

$$\int_{-\infty}^{\infty} e^{-iax^2-ibx} dx = \sqrt{\frac{\pi}{ia}} e^{i\frac{b^2}{4a}} \tag{C.3}$$

$$\int_{-\infty}^{\infty} x^2 e^{-iax^2} dx = \frac{1}{2ia}\sqrt{\frac{\pi}{ia}} \tag{C.4}$$

$$\int_{-\infty}^{\infty} e^{-a/x^2-bx^2} dx = \sqrt{\frac{\pi}{b}} e^{-2\sqrt{ab}} \tag{C.5}$$

古典作用とファインマン核 (1 次元)

自由粒子

$$S_{cl} = \frac{m(x-x_0)^2}{2(t-t_0)} \tag{C.6}$$

$$K(xt, x_0 t_0) = \sqrt{\frac{m}{2\pi i\hbar(t-t_0)}} e^{\frac{i}{\hbar}\frac{m(x-x_0)^2}{2(t-t_0)}} \tag{C.7}$$

調和振動子

$$S_{cl}(xt, x_0 t_0) = \frac{m\omega}{2\sin\omega(t-t_0)}[(x^2 + x_0^2)\cos\omega(t-t_0) - 2xx_0] \tag{C.8}$$

$$K(xt, x_0 t_0) = \sqrt{\frac{m\omega}{2\pi i\hbar \sin\omega(t-t_0)}} e^{iS_{cl}(xt, x_0 t_0)/\hbar} \tag{C.9}$$

一定の外力

$$S_{cl} = \frac{m(x-x_0)^2}{2(t-t_0)} + \frac{F}{2}(x-x_0)(t-t_0) - \frac{F^2}{24m}(t-t_0)^3 \tag{C.10}$$

$$K(xt, x_0 t_0) = \sqrt{\frac{m}{2\pi i\hbar(t-t_0)}} e^{iS_{cl}(xt, x_0 t_0)/\hbar} \tag{C.11}$$

デルタ関数の表現

$$\delta(x) = \lim_{a\to\infty} \frac{1}{\pi}\frac{\sin ax}{x} \tag{C.12}$$

$$\delta(x) = \lim_{a\to\infty} \frac{1}{a\pi}\frac{\sin^2 ax}{x^2} \tag{C.13}$$

$$\delta(x) = \lim_{\alpha\to\infty} \sqrt{\frac{\alpha}{\pi}} e^{-\alpha x^2} \tag{C.14}$$

$$\delta(x) = \lim_{\alpha\to\infty} \sqrt{\frac{i\alpha}{\pi}} e^{-i\alpha x^2} \tag{C.15}$$

$$\delta(x) = \lim_{\epsilon\to 0} \frac{1}{\pi}\text{Im}\frac{1}{x - i\epsilon} = \lim_{\epsilon\to 0} \frac{1}{\pi}\frac{\epsilon}{x^2 + \epsilon^2} \tag{C.16}$$

参考文献

経路積分法についての教科書は

[1] R. P. ファインマン, A. R. ヒッブス (北原和夫訳) : 量子力学と径路積分 (みすず書房, 1995)

[2] L. S. シュルマン (高塚和夫訳) : ファインマン経路積分 (講談社サイエンティフィク, 1995)

[3] H. Kleinert: *Path Integrals in Quantum Mechanics, Statics and Polymer Physics*, (World Scientific, Singapore, 1990)

[4] 崎田文二, 吉川圭二 : 経路積分による多自由度の量子力学 (岩波書店, 1986)

[5] M. S. スワンソン (青山秀明, 川村浩之, 和田信也訳) : 経路積分法 量子力学から場の理論へ (吉岡書店, 1996)

[6] 大貫義郎, 鈴木増雄, 柏太郎 : 経路積分の方法 (岩波書店, 1992)

などが代表的なものである.

ファインマンの原論文は

[7] R. P. Feynman : *Rev. Mod. Phys.* **20**, 367 (1948)

また

[8] 米満澄, 高野宏治 : 経路積分ゼミナール (アグネ技術センター, 1994)

[9] 柏太郎:演習 場の量子論 (サイエンス社, 2001)

は具体的計算例が豊富で,演習書として役に立つ.

[10] 藤原大輔:ファインマン積分の数学的方法 —時間分割近似法— (シュプリンガー・フェアラーク, 1999)

は数学的な面での詳しいテキストである.

量子力学についてのテキストは非常に多数あるが,本書では

[11] J. J. サクライ:現代の量子力学, (吉岡書店, 1989)

[12] L. I. シッフ:量子力学, (吉岡書店, 1972)

[13] ランダウ, リフシッツ (佐々木健, 好村滋洋訳):量子力学 (東京図書, 1974)

[14] 河原林研:量子力学 (岩波書店, 1993)

[15] 砂川重信:量子力学 (岩波書店, 1991)

[16] 朝永振一郎:量子力学 I, II (みすず書房, 1947)

などを参考にした.経路積分法については [14] がかなりの頁を割いてあり,本書の2章,3章はこの本の記述に関連した部分も多い. [11] にも簡潔な記述がある.

解析力学の教科書は

[17] ランダウ, リフシッツ (広重徹, 水戸巌訳):力学 (東京図書, 1974)

[18] 戸田盛和:一般力学 30 講 (朝倉書店, 1994)

[19] ゴールドスタイン (瀬川富士, 矢野忠, 江沢康生訳):古典力学 (吉岡書店, 1983)

参考文献

場の量子論の固体物理や統計力学への応用についても非常に多くの良書があるが

[20] フェッター, ワレッカ (松原武生, 藤井勝彦訳) : 多粒子系の量子論, (マグロウヒル, 1987)

[21] L. P. Kadanoff and G. Baym : *Quantum Statistical Mechanics* (W. A. Benjamin, New York, 1962)

[22] H. Haug and A.-P. Jauho : *Quantum Kinetics in Transport and Optics of Semiconductors* (Springer, Berlin, 1998)

[23] 阿部龍三 : 統計力学 (東京大学出版会, 1966)

[24] J. M. ザイマン (樺沢宇紀訳): 現代量子論の基礎 (丸善プラネット, 2000)

[25] 今田正俊 : 統計物理学 (丸善, 2004)

などが読みやすい.

量子論における軌道の意味を問うた M. C. グッツウィラーの先駆的な研究は量子カオスの問題へと発展した. これについては次の本を挙げておく.

[26] M. C. Gutzwiller : *Chaos in Classical and Quantum Mechanics* (Springer-Verlag, New York, 1990)

[27] 中村勝弘 : 量子物理学におけるカオス (岩波書店, 1998)

索引

[あ行]

アイコナル近似　164
アハラノフ-ボーム効果　25
鞍点　102
鞍点法　101, 102
位相　24, 25, 71, 170, 171, 172
　　電子波の—　71, 109, 186
位相因子　168, 172
位相速度　118
位相変化
　　波動関数の—　173
位置演算子　200
位置基底　142
位置表示　200, 205, 206
一般化運動量　191
一般化座標　190
因果グリーン関数　90
インスタントン　176, 178, 179
運動方程式
　　ファインマン核の—　13
運動量演算子　199
運動量表示　199, 204, 206
エアリ関数　119, 133
永年方程式　209, 211

エネルギーバンド　128
エネルギー表示　205, 206
エネルギー保存則　178
エルミート演算子　198
エルミート多項式　76
　　—の母関数　76
円錐曲線　161
エントロピー　34
オイラー–ラグランジュの方程式 21, 24, 46, 51, 56, 178, 193

[か行]

解析力学　18, 21, 189
階段関数　92
回転　124
ガウス関数　172
ガウス積分　19, 22, 42, 48, 84, 103, 105, 212
拡散　1, 12
拡散方程式　2
確率振幅　5, 6, 12, 20, 46, 109
重ね合わせの原理　39
過剰完全系　94
カノニカル集合　33

218

索引

干渉 7, 8, 15, 118, 128, 130, 170, 172
 電子波の— 25, 186
完全系 140
完備性 95, 201, 202, 204, 206
 コヒーレント状態の— 97
完備性関係 16, 17, 25, 38, 100, 142
ガンマ関数 105
簡約された作用 65, 103, 161
基準モード 51
基底 199, 202
軌道 167
軌道の分岐 181
軌道の密度 50, 58
軌道反磁性 124
球面波 151
共鳴エネルギー 183
共鳴トンネル効果 181
行列要素 151
極
 ファインマン核の— 100
局所軌道関数 170, 171, 172, 174, 182, 185
虚数時間 33, 176, 179
クーロンポテンシャル 156, 162
グッツウィラーのトレース公式 188
グラスマン数 95
グリーン関数 14, 38, 90, 100, 166
 因果— 90
 温度— 36

先進— 92
遅延— 92
経路積分 15, 18, 25
 位相空間での— 18
 コヒーレント状態— 94
 ファインマン— 20
 ラグランジアン— 20
ゲージ変換 24, 126
結晶ポテンシャル 128
ケットベクトル 201
交換関係 16, 196
交換子 16, 41, 196
交換相互作用 166
格子振動 53
古典軌道 46, 50, 162, 169, 172, 176, 181, 186
 —の密度 58
 調和振動子の— 81
古典経路 22, 50
古典作用
 一定外力下の— 213
 自由粒子の— 212
 調和振動子の— 213
コヒーレンス 99, 109, 111, 113
 電子波の— 109
コヒーレント状態 94
コヒーレントな運動 109
固有関数 25, 26, 94, 207
 調和振動子の— 75

固有関数核
　　一定外力下の—　　　119
　　自由粒子の—　　　　118
固有状態　　24, 25, 112, 115, 122
固有値　　　　　　　207, 209
　　調和振動子の—　　　75
固有値問題　　　99, 204, 209
固有ベクトル　　　　　　209

[さ行]
最小作用の原理　21, 32, 56, 192
作用　　　　　　　　　24, 167
作用積分　　18, 46, 56, 62, 84, 192
　　調和振動子の—　　　82
残像
　　電子波の—　　　　112
散乱　　　　　　　　127, 139
　　クーロンポテンシャルによる—
　　　　156
散乱確率　　　　　　　　153
散乱振幅　　145, 151, 153, 154, 163
散乱波　　　　　　　　　141
散乱問題　　　　　　　　40
時間位相因子　　　110, 117, 119
時間発展演算子　　12, 25, 179, 195
自己干渉　　115, 122, 124, 129, 175
　　電子波の—　　112, 124, 181
自己無撞着計算　　　　　165
磁場　　　　　　　　　32, 124

しゃへい　　　　　　　156
しゃへい距離　　　　　156
周期軌道　　　　　　　187
自由粒子　5, 22, 26, 36, 45, 107, 116,
　　140, 141, 171
シュタルク・ラダー状態　128
寿命　　　　　　　　　127
シュレーディンガー描像　12
シュレーディンガー方程式　5,
　　6, 11, 15, 30, 32, 41, 62, 75,
　　132, 147, 207, 208
　　電場中の—　　　　134
条件付き変分問題　　52, 208
昇降演算子　　　　　　86
状態ベクトル　12, 25, 147, 197, 201,
　　202
状態密度　　　100, 123, 126, 188
　　1次元の—　　　　126
　　局所的な—　　　　101
　　自由電子の—　　　126
　　電子波の運動による—　112,
　　　123, 125
状態和　　　　　　　33, 36
焦点　　　　　　　　　60
衝突パラメータ　　　　161
消滅演算子　　　　　86, 88
振動する波束　　　　78, 97
酔歩　　　　　　　　1, 118
数表示　　　　　　　　85

スターリングの公式	9, 105	遅延グリーン関数	92
正規直交系	200	中点処方	32
正規分布	4	調和振動子	59, 69, 75, 120, 167
正孔	91	直交	198
正準集合	33	直交関数系	207
正準方程式	195	直交系	199
生成演算子	86, 88	直交性	203
静電場	128	コヒーレント状態の—	97
静電ポテンシャル	39	テイラー展開	46, 102, 143
積分核	11, 30	停留位相近似	101, 103, 104, 105,
接続公式	67, 72	107, 169, 170, 187	
摂動	139	停留点	46
摂動級数	145	デルタ関数	2, 14, 60, 169, 200, 213
摂動展開	142, 143	転回点	65, 66, 67, 72
摂動論		電子間相互作用	164
時間に依存する—	157	電子の軌道	167, 168
時間に依らない—	210	電子波	15, 25, 45, 71, 94,
ゼロ・モード	55, 178	99, 100, 109, 112, 117, 119,	
先進グリーン関数	92	122, 123, 127, 137, 139,	
相互作用描像	110	148, 164, 167, 170, 181, 186	
		電子波の残像	112
[た行]		伝播関数	38
対角化	207	透過波	74, 137
対角行列	205, 210	透過率	74, 137
第2量子化	85, 88	時間に依存する—	183
多体問題	164	統計平均	34
WKB 近似	45, 50, 59, 62, 68, 82,	統計力学	33, 179
142, 161, 168		動的 WKB 近似	168
—の適用条件	65	特異点	49, 168

ド・ブロイ波長　　　　　　170
ド・モアブル-ラプラスの定理　9
トレース　　　　　　　35, 101
トロッターの公式　　　　　16
トンネル効果　69, 71, 131, 142, 176,
　　　　178, 179, 181

[な行]
内積　　　　　197, 198, 201, 202
二項分布　　　　　　　　　4
二重スリットの実験　　　7, 20
ニュートンの運動方程式　　189
熱核　　　　　　　　　　2, 12
熱方程式　　　　　　　　　2
ノルム　　　　　　　　　122

[は行]
ハートリー近似　　　　　165
ハートリー-フォック近似　　166
ハイゼンベルクの運動方程式　196
ハイゼンベルク描像　　　　90
パウリの排他原理　　90, 95, 128
波束　　　　　　　　116, 168
波長
　　電子波の—　　　　45, 164
波動関数　　11, 12, 24, 30, 37, 38,
　　　62, 65, 66, 68, 77, 115, 140,
　　　141, 147
　　コヒーレント状態の—　　97

調和振動子の—　　　　　77
場の演算子　　　　　　　87
場の量子論　　　　　　　90
ハミルトニアン　11, 25, 26, 87, 94,
　　　141, 205
　　磁場中の—　　　　　125
　　第2量子化での—　　　88
　　調和振動子の—　　59, 75, 86
ハミルトン関数　　　　　87
ハミルトン-ヤコビの方程式　62,
　　　103, 161
ハンケル関数　　　　　　40
反交換関係　　　　　　　90
半古典近似　　　　45, 167, 168
反射波　　　　　　　　74, 137
反射率　　　　　　　　74, 137
半導体超格子　　　　　　131
ヴァンヴレック行列式　56, 102
非局所性　　　　　　　　184
微分散乱断面積　　　　　154
ヒルベルト空間　　12, 202, 209
ファインマン–カッツの公式　36
ファインマン核　8, 11, 23, 25, 26, 30
　　一定外力下の—　　118, 213
　　運動量空間での—　　37, 142
　　エネルギー表示の—　99, 110,
　　　169
　　コヒーレント状態の—　　95

自由粒子の—　　50, 84, 93, 116, 143, 212
　　　WKB 近似での—　　49, 59, 168
　　　調和振動子の—　　50, 60, 81, 84, 120, 213
　　　半古典近似の—　　186
ファインマンダイヤグラム　　146
フーリエ成分　　38
フーリエ変換　　37, 53, 200, 202
フェルミの海　　91
フェルミの黄金則　　157, 161
フェルミ分布関数　　128
フェルミ粒子　　89, 90
不確定性原理　　77, 123, 178
フックの法則　　75
部分波　　182
ブラウン運動　　1, 5, 7
ブラケット　　16, 17, 201
ブラッグ反射　　129
ブラベクトル　　201
プランク定数　　68
ブリルアン領域　　128, 130
フレネル積分　　42
フローズン ガウシアン　　186
ブロッホ関数　　128, 131
ブロッホ状態　　128
ブロッホ振動　　129
分散曲線　　128
分配関数　　33

平面波　　116
ベクトルポテンシャル　　32, 125
ベッセル関数　　66
ヘテロ接合　　131
ヘルムホルツ方程式　　40
変換理論　　204
変分
　　　1 次の—　　46, 51, 187
　　　2 次の—　　51
変分原理　　21, 192, 207
ポアソン括弧　　196
ポアソン方程式　　39, 165
ボーア–ゾンマーフェルトの量子条件　　68, 122
ボーズ粒子　　89, 90
母関数
　　　時間発展の—　　195
ポテンシャル
　　　不純物イオンよる—　　156
ポテンシャル障壁　　173, 176, 179, 180
ボルツマン因子　　33, 36, 179
ボルツマン定数　　33
ボルツマン分布　　128
ボルン近似　　151, 162

[ま行]
密度行列　　34
未定定数　　52, 208

[や行]

ヤコビアン	84
ユークリッド化	36
有効質量近似	128
ユニタリー性	12, 13
ユニタリー変換	48, 203, 206, 210

[ら行]

ラグランジアン	18, 24, 32, 58, 61, 190
ラグランジュの未定定数	52, 208
ラザフォード散乱	157
ラビ振動	29
ラプラスの方法	105
ランダウ準位	124
リップマン–シュウィンガー方程式	147, 161, 162
粒子数演算子	86
留数	100
量子井戸	70, 173
量子化	85, 87
第2—	88
場の—	87
量子条件	65, 68, 112
ボーア–ゾンマーフェルトの—	68
量子統計	128
量子力学的期待値	34
ルジャンドル変換	194
零点エネルギー	70, 77
ローレンツ力	126

著者略歴

森藤正人　（もりふじまさと）
1962 年：大阪市にて出生
1981 年：大阪大学基礎工学部 物性物理工学科入学
1990 年：大阪大学大学院 基礎工学研究科 博士課程修了（工学博士）
同年：　　大阪大学工学部 電子工学科 助手
1995 年：英国シェフィールド大学物理学科 客員研究員
現在：　　大阪大学大学院 工学研究科 電気電子情報工学専攻 助手

Ⓡ本書の全部または一部を無断で複写複製（コピー）することは，著作権法上での例外を除き，
　禁じられています。本書からの複写を希望される場合は，(社)日本複写権センター(03-3401-2382)
　にご連絡ください。

量子波のダイナミクス－ファインマン形式による量子力学－　　　2005Ⓒ

2005 年 11 月 5 日　　　第 1 刷発行
2006 年 7 月 25 日　　　第 2 刷発行

著　者　森藤　　正人
発行者　吉岡　　　誠

606-8225 京都市左京区田中門前町 87
株式会社　吉　岡　書　店
電話 (075)781-4747/振替　01030-8-4624

印刷・製本(株)太洋社

ISBN 4-8427-0333-4

「物理学叢書」刊行に際して

　二十世紀の物理学の進歩は，物質の極微の構造の暴露に，物質の精妙な機構の解明に，驚異的な発展，飛躍をもたらした．その結果，新しい自然力の解放，支配を実現化したばかりでなく，新しい物質の創造，生命の謎への挑戦をも企画せしめつつある．更に，既知の自然力の未曾有の強力な駆使さえ可能にしつつある．二十世紀後半に至って，原子力に，あるいはオートメーションに今や第二の産業革命を喚起せんとするに至った原動力は，物理学の開拓的な創造性によることは言をまたない．更に，現在の物理学は，かつての相対論，量子論の出現にも比すべき革命の前夜にあるといわれているこの時に当たり，物理学の新領域の単なる解説，あるいは時局的な技術書ではなく，真にわが国物理学の発展の糧となるべき良書の出版は緊急の必要事といわねばならぬ．ここに「物理学叢書」を編んで世に送る所以である．

　この叢書に収められる原著は，いずれもそれぞれの分野の世界的権威者による定評ある名著に限られるが，前述の精神に鑑みその性格，スタイルに特徴あるものを選ぶと共に，その本質において創造的価値高きものを目標とした．

　この叢書が，物理学またはその関連分野へ進む学徒に，よき伴侶として用いられ，真にその血肉となり得ることがわれわれの念願であり，更にこの叢書によって伝えられる海外の学風が，広くわが国の教育，研究へのよき刺戟となり，わが国の明日の科学を築く基礎に貢献するところがあれば幸いである．

(1954年12月)

物理学叢書

シッフ　井上　健訳
新版 量子力学 上下
上 368頁　下 320頁

刊行以来無比の標準的教科書として絶賛を博してきた本書は，原著第3版刊行にともない全面的に版を改めた．基本的な概念やその数学的形式を丁寧に解説されている量子力学の入門書である．

ライフ　中山寿夫・小林祐次訳
統計熱物理学の基礎 上中下
上 388頁　中 352頁　下 229頁

統計力学の基礎概念から応用まで体系的に取扱い，初心者が容易に理解できるよう豊富な例題を駆使して懇切丁寧に解説した学部学生向教科書の決定版．化学・生物の学生にも理解し易い記述である．

ハーケン　松原武生・村尾　剛訳
固体の場の量子論 上下
—素励起物理学入門—　上・下 232頁

教養程度の知識のみで，短期間に系統的に場の量子論の方法と固体論への応用を完全に習得できる．上巻では多くの演習問題で理解を早め，下巻では現在の考え方・モデル・方法などが整然と解説されている．

アシュクロフト，マーミン　松原武生・町田一成訳
固体物理の基礎
(全4巻) 上・I 304頁　下・I 288頁
　　　　上・II 272頁　下・II 255頁

学部生にも大学院生にも使えるよう工夫され，内容の取捨選択がしやすく，種々の目的，異なる水準でもうまく使い分けられる．固体物理学の現象の記述と理論的解析による統一という著者の目標は完全に達成されている．

シュッツ　家・二間瀬・観山訳
物理学における幾何学的方法
328頁

本書は近年理論物理学において，極めて基礎的でかつ有効な数学的手法である微分幾何についての教科書である．概念を中心に分かり易く解説してあり，物理学への応用も示してある．

J. J. Sakurai　桜井明夫訳
現代の量子力学 上下
上 392頁　下 320頁

素粒子物理学の独創的理論家であった著者が，UCLAでの多年の講義に基づき書き遺した現代的教科書．非相対論的量子力学の核心が，最近の理論・実験の発展に則し，新しい視点から明快かつ具体的に記述されている．

頁数記載なきは品切もしくは未刊

著者	訳者	書名	頁数	紹介

ジーガー　山本恵一・林　真至・青木和徳訳
セミコンダクターの物理学
上・320頁　下・340頁

電子輸送現象にかなりの頁数を費やしており，企業の研究者にとっても最適である．さらに多くの図面により，物理現象の把握に役立つ．

ゲプハルト・クライ　好村滋洋訳
相転移と臨界現象
378頁

ランダウの相転移論から始まり，先年ノーベル賞の対象となったウイルソンのくりこみ群までを，あまり数式を用いず実験例との対応を明らかにするため，豊富な図表を用いて親しみやすく解説した現代的入門書．

ストルコフ・レヴァニューク　疋田朋幸訳
強誘電体物理入門
248頁

強誘電体の相転移を構造相転移の一つとみなし，統一的に基礎的な立場から記述．物質の各論や応用などには殆どふれず，物理的なエッセンスのみを抽出して解説する．両著者ともにこの分野の世界的権威である．

キューサック　遠藤裕久・八尾　誠訳
構造不規則系の物理 上下
上 286頁　下 282頁

構造不規則系の研究は物理学の魅力ある分野である．本書は構造不規則系の静的・動物構造，電子状態，またその応用について，実験，理論両面にわたる初めての総合的な教科書．

アブリコソフ　東辻千枝子・松原武生訳
金属物理学の基礎 上下
上 376頁　下 332頁

この分野で世界をリードしてきた著者が固体電子論の立場から集大成した．メソスコピック系や高温超伝導・セラミックスなども明快に解説されており，特に量子効果がマクロに観測される領域の部分は圧巻である．

メンスキー　町田　茂訳
量子連続測定と径路積分
272頁

量子論の基本問題を連続測定の観点から径路積分を使ってとらえ直し，初期宇宙での時間の出現なども論じている．日本語版では多くの追加がされており，読みやすい入門書となっている．

チャンドラセカール　木村初男・山下　護訳
液晶の物理学
原書第2版　544頁

最近20年の新成果を取り入れて全面的に改訂増補された．豊富な実験データの図版を用いて簡潔・明快であり，文献リストも非常に充実したアップツーデートな入門書である．

スティックス　田中茂利・長　照二訳
プラズマの波動 上下
上 344頁　下 364頁

冷たいプラズマの波動の分類と特徴から始まり，プラズマの最も魅力的かつ特徴的なプラズマ粒子の集団的相互作用に基づく無衝突減衰（ランダウおよびサイクロトロン減衰）から弱乱流プラズマの準線形理論へと展開する．

スワンソン　青山秀明他訳
経路積分法
―量子力学から場の理論へ―　502頁

汎関数空間やグラスマン数など，初学者がとまどいやすい部分についても非常に丁寧な導入を行なっており，場の理論およびその素粒子物理への応用について概観するのにも適している．

キャレン　小田垣　孝訳
熱力学および統計物理入門 上下
第2版　上330頁　下368頁

世界的に高い評価を得ている熱力学の代表的な教科書である．公理に基づく熱力学大系の構築は他に類をみない．上巻では平衡状態を定める条件が論じられ，下巻では相転移の熱力学への導入が詳しく論じられる．

チェイキン，ルペンスキー　松原武生・東辻千枝子他訳
現代の凝縮系物理学
上 396頁　下 376頁

凝縮系の物理学を現代的な視点で扱った待望の書．臨界現象とくりこみ群の方法に特に注目し，扱う対象は液体・結晶・不整合結晶・準結晶・非晶質系に及ぶ．250以上の図，多くの演習問題，文献リストを含む．

ワインバーグ　　　　　青山秀明・有末宏明訳	
粒 子 と 量 子 場 場の量子論シリーズ①　　　　　　　　432頁	簡単な歴史的記述から入り，相対性原理と量子力学の理論を用いて素粒子の性質を論じることにより「場の量子論」が自然の帰結として現れてくる．貴重な参考文献であると同時に，教科書として適切である．

ワインバーグ　　　　　青山秀明・有末宏明訳	
量 子 場 の 理 論 形 式 場の量子論シリーズ②　　　　　　　　446頁	本書はS. Weinbergによる「場の量子論」全6巻の第2巻である．正準形式，ファインマン則，量子電磁理論，経路積分，くりこみ，などの理論形式の核となる部分が論じられる．

ワインバーグ　　　　　青山秀明・有末宏明訳	
非 可 換 ゲ ー ジ 理 論 場の量子論シリーズ③　　　　　　　　376頁	現代の素粒子論における標準理論の基礎をなす非可換ゲージ理論が導入され，また場の理論の現代的手法である有効場の理論，くりこみ群，大域的対称性の自発的破れの一般論が展開される．

ワインバーグ　　　　　青山秀明・有末宏明訳	
場 の 量 子 論 の 現 代 的 諸 相 場の量子論シリーズ④　　　　　　　　342頁	くりこみ群や対称性の破れにとって重要な演算子積展開，電弱理論のゲージ対称性の自発的破れが論じられる．これとは対称的に量子力効果として対称性を破るアノマリーと，それによる物理的結論が述べられる．

ワインバーグ　　　　　青山・有末・杉山訳	
超対称性：構成と超対称標準模型 場の量子論シリーズ⑤　　　　　　　　380頁	最初に超対称性の歴史について述べ，超対称性代数を構成する．その後，超対称性を持つ場の理論，ゲージ理論を構成し，それらに基づき，標準模型を超対称性を持つように拡張した模型を調べる．

ワインバーグ　　　　　青山・有末・杉山訳	
超対称性：非摂動論的効果と拡張 場の量子論シリーズ⑥　　　　　　　　268頁	本書では，超対称性の非摂動論的局面と，超対称性の超重力への拡張，高次元での一般論等を述べ，Pブレーンに関係した最近の話題にも触れ，本シリーズの締めくくりにふさわしい意欲的な内容となっている．

Y. イムリー　　　　　　　　　　　　　樺沢宇紀訳	
メ ソ ス コ ピ ッ ク 物 理 入 門 　　　　　　　　　　　　　　　　　314頁	固体電子の局在と緩和の一般論，典型的な題材である微細な系の永久電流と量子輸送，量子ホール効果，超伝導メソスコピック系，および雑音の問題を著者一流の観点から論じる．

S. A. サフラン　　　　　　　　　　　好村滋行訳	
コ ロ イ ド の 物 理 学 ―表面・界面・膜面の熱統計力学―　　368頁	熱統計力学の立場から新たに捉え直した世界的にユニークな書である．界面張力，ラフニング転移，ぬれ，界面間の相互作用，膜弾性，自己会合などの問題を扱う，学部3・4年から大学院生以上の学生などを対象とする．

スタウファー，アハロニー　　　　　小田垣孝訳	
パーコレーションの基本原理 （原書第2版・修訂版）　　　　　　　332頁	初版以来多くの発見およびより精密な数値データが加えられ，さらに新たに導入された概念が含められている．また演習が付け加えられ，教科書としてさらに使いやすくなっている．

デュラン　　　　　　　　　中西　秀・奥村　剛訳	
粉 粒 体 の 物 理 学 ―砂と粉と粒子の世界への誘い―　　　310頁	初等的な力学から解き起こし，最近の研究の成果までを初学者にもわかるようにまとめている．物理学の立場から書かれた粉粒体の教科書としては，（驚くべきことに）本書はほとんど唯一のものであろう．

ジャクソン　　　　　　　　　　　　　　西田　稔訳	
電 磁 気 学 （原書第3版）　　　　　上 614頁　下 576頁	この原書第3版では，電磁気学の基礎として，わかりやすく洗練された内容と，新たな増補，そして最近の重要な応用問題の追加がなされている．定評のあった第2版にも増して，標準的教科書としての価値を高めている．

シック	岩渕修一訳	多数の訳注に加え，原書を理解するうえで必要な量子力学，統計物理学，固体電子論の基礎事項や原書の補足説明を補遺として加えられ，原書の $\frac{1}{2}$ に達している．
量　子　井　戸 (原書補訂版)	152頁	
アイシャム	佐藤文隆・森川雅博訳	一通り標準的な量子力学を学んだ読者を対象に，量子論の基礎体系を整理し理解を深めさす．量子論の基礎体系と関わってくるハイテクの量子力学や，宇宙の量子論などを考えるとき，本書は非常に有効である．
量　　　子　　　論 —その数学および構造の基礎—	278頁	
ドゥジェンヌ他	奥村　剛訳	長年にわたり，毛管現象や濡れ現象に取り組んできた著者らが著した生き生きとした書．ごく基本的なことからスタートし，最新の実験や工業での現況を例に，基本原理のみならず最先端の豊富な話題についても解説する．
表　面　張　力　の　物　理　学 —しずく，あわ，みずたま，さざなみの世界—	312頁	
ティンカム	青木亮三・門脇和男訳	超伝導の BCS 理論以前に既にそのエネルギーギャップの存在を実証した M. Tinkham が初版を画期的に改訂増補した．ユニークな内容であり，超伝導の新分野に関心のある学生，研究者，技術者にとっては待望の書である．
超　伝　導　入　門　上下 (原書第2版)　上 368頁　下 近刊		
グロッソ，パラビチニ	安食博志訳	著者らの教育的な観点から，固体物理学の重要な概念や考え方が理論的，かつ明瞭に説明されている新しいタイプの教科書．また，実験による測定値やグラフもバランスよく載せられている．参考文献も豊富に紹介する．
固　体　物　理　学　上中下 上 320頁　中 336頁　下 334頁		
タウンゼント他	雨倉　宏訳(著)	原著出版後の発展について補うため一章を加えた増補版．対象は主に絶縁体やガラスへのイオン注入効果であり，その応用として光導波路形式，ナノ粒子形式について紹介する．イオン注入に関心のある人には待望の書．
イオン注入の光学的効果 —基礎光物性から光導波路・ナノ粒子まで—	376頁	
ペシック，スミス	町田一成訳	この分野の基礎知識をコンパクトにまとめた書．統計力学を学んだ学部生から大学院生，またこの分野に関心のある専門家には役立つであろう．理論のみならず，実験の基礎原理が量子統計物理学の立場から解説されている．
ボーズ・アインシュタイン凝縮	424頁	

別　巻

井上　健監修・三枝寿勝・瀬藤憲昭著		理論的基礎に重点をおきながら，実験・技術を志さす学生にも容易に理解できる演習書たるべく，代表的教科書として定評あるシッフの同書より，章末の各問題を詳細に解説した．
量　子　力　学　演　習 —シッフの問題解説—	392頁	
大槻義彦監修・飯高敏晃他著		本書は，J. J. サクライの教科書「現代の量子力学」の章末問題の解説である．この解説は1991年度，早稲田大学の物理学科，応用物理学科のはじめて量子力学を学ぶ学部3年生を対象に行った演習に基づいている．
演習現代の量子力学 —J. J. サクライの問題解説—	336頁	
F. クローズ　井上　健訳・九後汰一郎補遺		物質の根源の姿を追求してきた今世紀の素粒子物理学の，心躍る発見と認識の深化のプロセスを読者に追体験させてくれる．数式を用いずに一般向けに解説．前著に「その後の発展と歴史的経緯に対する補遺」追加．
訂正増補 **宇宙という名の玉ねぎ** —クォーク達と宇宙の素性—	268頁	

木村利栄・菅野礼司著 改訂増補 **微分形式による解析力学** 272頁	「マグロヒル出版」より刊行されていた前著にその後の拘束力学系の理論の発展を取り入れた。物理学理論で強力かつ不可欠な武器となる外微分形式を用いて，解析力学を詳しく紹介した。
スディーブンス　　　　　早田次郎訳 現代物理を学ぶための **理論物理学** 292頁	予備知識はほとんど仮定されておらず，必要とされる数学的知識は最初の章にまとめて解説されている。式の導出は非常に丁寧で，物理を学ぼうとする人が現代物理の基礎を学ぶためには絶好の書である。
増補版　　　　　　　　　高橋光一著 **宇宙・物質・生命** ―進化への物理的アプローチ―　224頁	著者の長年にわたる教養教育課程の講義の中から生まれた。宇宙誕生から生物進化までの解明に物理学が果たした役割と，進化論に科学がどのようにかかわってきたのかを物理的視点から眺める。教養教科書として最適。
改訂版　　　　　　　　　日置善郎著 **場の量子論** ―摂動計算の基礎―　192頁	相対論的な場の量子論の基本的な構成がスケッチされるとともに，主要な計算方法である共変的な摂動論の基礎が，幾つかの具体的な計算例とともに丁寧に解説される。場の量子論・摂動計算の公式集の価値もある。
日置善郎著 **量子力学** ―その基本的な構成―　192頁	量子力学への軟着陸を目指す入門書であり，一刻も早く量子力学に触れてみたいと思っている1・2年生，量子力学のある程度の知識・理解が要求される分野の2～4年生などを想定している。
花井哲也著 **不均質構造と誘電率** ―物質をこわさずに内部構造を探る―　316頁	個々の工業生産物や生物細胞などについて，処理解析の技法，結果の実用的解釈の仕方の実際例などを初心者にも理解できるよう解説。化学・工業生産の技術分野の技術者・研究者には待望の書である。
岡田泰信編 **新パッチクランプ実験技術法** B5版　360頁	現在では多くのヴァリエイションが加えられて，トランスポータ機能の解析や単一細胞の遺伝子解析や環境因子に対するバイオセンサーにも応用され，生命科学研究分野で広く用いられている。
西田迪雄著 **気体力学** 232頁	本書の特色は，常温から高温まで扱える気体力学を記述していることである。前半では巨視的観点から述べ，学部学生を対象とし，後半は微視的観点に基づく記述となり，主に大学院生を対象とする。教科書として最適。
フリッシュ　　　　　　　松田文夫訳 **何と少ししか覚えていないことだろう** ―原子と戦争の時代を生きて―　290頁	叔母のリーゼ・マイトナーと共にウランの核分裂の発見に加わり，フリッシュ―パイエルスのメモでその連鎖反応が兵器に繋がる可能性を示し，その帰結として原爆実験を見届け，時代を誠実に生きた物理学者の物語。
パイエルス　　　　　　　松田文夫訳 **渡り鳥** ―パイエルスの物理学と家族の遍歴―　536頁	ハイゼンベルクとパウリに量子力学を学んだパイエルスは，いつも元気で世話好きな妻ジニアとともに，4人の子供たちと大勢の研究者を育て，物理学の大家族を築く。本書は20世紀の物理学の群像の物語でもある。